国家职业技能鉴定考试指导

焊工

(中级)

第2版

主　编　汤日光　乔　虎
副主编　姜欢欢　汤日明
编　者　王绍智　高玉芬　张淑君　王　静
　　　　管恩华　李　俊
主　审　蒋春永

中国劳动社会保障出版社

图书在版编目(CIP)数据

焊工：中级/人力资源和社会保障部教材办公室组织编写. —2版. —北京：中国劳动社会保障出版社，2015

国家职业技能鉴定考试指导

ISBN 978-7-5167-2084-4

Ⅰ.①焊… Ⅱ.①人… Ⅲ.①焊接-技术培训-习题集 Ⅳ.①TG4-44

中国版本图书馆CIP数据核字(2015)第227558号

中国劳动社会保障出版社出版发行

(北京市惠新东街1号 邮政编码：100029)

*

北京鑫海金澳胶印有限公司印刷装订 新华书店经销

787毫米×1092毫米 16开本 8.5印张 163千字
2015年10月第2版 2025年4月第8次印刷
定价：20.00元

营销中心电话：400-606-6496
出版社网址：http://www.class.com.cn

版权专有 侵权必究

如有印装差错，请与本社联系调换：(010) 81211666
我社将与版权执法机关配合，大力打击盗印、销售和使用盗版图书活动，敬请广大读者协助举报，经查实将给予举报者奖励。
举报电话：(010) 64954652

编 写 说 明

《国家职业技能鉴定考试指导》(以下简称《考试指导》)是《国家职业资格培训教程》(以下简称《教程》)的配套辅助教材,每本《教程》对应配套编写一册《考试指导》。《考试指导》共包括三部分:

第一部分:**理论知识鉴定指导**。此部分按照《教程》章的顺序,对照《教程》各章内容编写。每章包括四项内容:考核要点、重点复习提示、辅导练习题、参考答案。

——考核要点是依据国家职业标准、结合《教程》内容归纳出的考核要点,以表格形式叙述。

——重点复习提示为《教程》各章内容的重点提炼,使读者在全面了解《教程》内容基础上重点掌握核心内容,达到更好地把握考核要点的目的。

——辅导练习题题型采用三种客观性命题方式,即判断题、单项选择题和多项选择题,题目内容、题目数量严格依据理论知识考核要点,并结合《教程》内容设置。

——参考答案中,除答案外对题目还配有简要说明,重点解读出题思路、答题要点等易出错的地方,目的是完成解题的同时使读者能够对学过的内容重新进行梳理。

第二部分:**操作技能鉴定指导**。此部分内容包括两项内容:考核要点、辅导练习题。

——考核要点是依据国家职业技能标准、结合《教程》内容归纳出的该职业在该级别总体操作技能考核要点,以表格形式叙述。

——辅导练习题题型按职业实际情况安排了实际操作题,并给出了答案。

第三部分:**模拟试卷**。包括该级别理论知识考试模拟试卷、操作技能考核模拟试卷若干套,并附有参考答案。理论知识考试模拟试卷体现了本职业该级别大部分理论知识考核要点的内容，操作技能考核模拟试卷完全涵盖了操作技能考核范围，体现了专业能力考核要点的内容。

本职业《鉴定指导》共包括5本，即基础知识、初级、中级、高级、技师和高级技师。本书是其中的一本，适用于对中级焊工的职业技能培训和鉴定考核。

本书在编写过程中得到了中石化胜利油建工程有限公司大力支持与协助，在此一并表示衷心的感谢。

编写《鉴定指导》有相当的难度，是一项探索性工作。由于时间仓促，缺乏经验，不足之处在所难免，恳切欢迎各使用单位和个人提出宝贵意见和建议。

目　录

第1部分　理论知识鉴定指导

第1章　焊条电弧焊 …………………………………………………………（1）
  考核要点 ……………………………………………………………………（1）
  重点复习提示 ………………………………………………………………（1）
  辅导练习题 …………………………………………………………………（3）
  参考答案 ……………………………………………………………………（10）

第2章　熔化极气体保护焊 …………………………………………………（11）
  考核要点 ……………………………………………………………………（11）
  重点复习提示 ………………………………………………………………（11）
  辅导练习题 …………………………………………………………………（14）
  参考答案 ……………………………………………………………………（19）

第3章　非熔化极气体保护焊 ………………………………………………（20）
  考核要点 ……………………………………………………………………（20）
  重点复习提示 ………………………………………………………………（20）
  辅导练习题 …………………………………………………………………（23）
  参考答案 ……………………………………………………………………（30）

第4章　埋弧焊 ………………………………………………………………（31）
  考核要点 ……………………………………………………………………（31）
  重点复习提示 ………………………………………………………………（31）
  辅导练习题 …………………………………………………………………（34）
  参考答案 ……………………………………………………………………（39）

第5章　气焊 …………………………………………………………………（40）
  考核要点 ……………………………………………………………………（40）
  重点复习提示 ………………………………………………………………（40）

辅导练习题 …………………………………………………………（44）
　　参考答案 ……………………………………………………………（49）
第6章　切割 …………………………………………………………（50）
　　考核要点 ……………………………………………………………（50）
　　重点复习提示 ………………………………………………………（50）
　　辅导练习题 …………………………………………………………（55）
　　参考答案 ……………………………………………………………（60）

第2部分　操作技能鉴定指导

第1章　焊条电弧焊 …………………………………………………（61）
　　考核要点 ……………………………………………………………（61）
　　辅导练习题 …………………………………………………………（61）
第2章　熔化极气体保护焊 …………………………………………（72）
　　考核要点 ……………………………………………………………（72）
　　辅导练习题 …………………………………………………………（72）
第3章　非熔化极气体保护焊 ………………………………………（82）
　　考核要点 ……………………………………………………………（82）
　　辅导练习题 …………………………………………………………（82）
第4章　埋弧焊 ………………………………………………………（91）
　　考核要点 ……………………………………………………………（91）
　　辅导练习题 …………………………………………………………（91）
第5章　气焊 …………………………………………………………（99）
　　考核要点 ……………………………………………………………（99）
　　辅导练习题 …………………………………………………………（99）
第6章　气割 …………………………………………………………（107）
　　考核要点 ……………………………………………………………（107）
　　辅导练习题 …………………………………………………………（107）

第3部分 模拟试卷

中级焊工理论知识考试模拟试卷……………………………………………………（112）
中级焊工理论知识考试模拟试卷参考答案………………………………………（121）
中级焊工操作技能考核模拟试卷……………………………………………………（122）

第1部分 理论知识鉴定指导

第1章 焊条电弧焊

考 核 要 点

理论知识考核范围	考核要点	重要程度
管板插入式或骑坐式焊接单面焊双面成形	1. 单面焊双面成形知识	★★★
	2. 固定管板的打底层焊接	★
	3. 管板插入式或骑坐式焊接单面焊双面成形的操作技能	★★★
厚度δ≥6 mm的低碳钢板或低合金钢板对接立焊单面焊双面成形	1. 厚度δ≥6 mm的低碳钢板或低合金钢板对接立焊单面焊双面成形的操作技能	★★★
	2. 钢板对接立焊焊缝常见表面缺陷	★★★
	3. 钢板对接立焊焊缝的外观检查项目和方法	★
管径φ≥76 mm的低碳钢管或低合金钢管的对接水平固定、垂直固定和45°固定焊接	1. 管径φ≥76 mm的低碳钢管的对接水平固定焊接的操作技能	★★★
	2. 管径φ≥76 mm的低碳钢管或低合金钢管的对接水平固定、垂直固定和45°固定焊接焊缝常见表面缺陷	★★
	3. 管径φ≥76 mm的低碳钢管或低合金钢管的对接水平固定、垂直固定和45°固定焊接焊缝的外观检查项目和方法	★

注：表中"重要程度"中，"★"为重要程度级别最低，"★★★"为重要程度级别最高。

重点复习提示

一、单面焊双面成形知识

单面焊双面成形一般是针对焊接打底而言的，其操作手法大体分为连弧焊和断弧焊法两大类。采用连弧焊法进行打底焊时，电弧引燃后，一般是短弧连续运条，而断弧焊法进行打底时，是利用电弧周期性的燃弧—熄弧—燃弧过程，使母材坡口钝边金属有规律地熔化成一定尺寸的熔孔，在电弧作用正面熔池时，使电弧穿过熔孔而形成背部焊道。

二、管板插入式或骑坐式焊接单面焊双面成形的操作技能

1. 焊接电流、焊脚尺寸及焊条角度等焊接参数的选择。

2. 定位焊的焊接电流比正常焊接的电流大 10%～15%，高度不超过板厚 2/3，装配间隙 2.5～3.0 mm，错边量≤1 mm，钝边 1～2 mm。

3. 打底焊采用直线式短弧焊接，保持焊条与板件成 30°～35°夹角、与焊接方向成 70°～80°的夹角。

4. 填充焊和盖面焊焊条角度基本等同于打底焊，采用斜圆圈形运条法。

三、厚度 $\delta \geqslant 6$ mm 的低碳钢板或低合金钢板对接立焊单面焊双面成形的操作技能

1. 焊条直径、焊接电流、焊脚尺寸及焊条角度等焊接参数的选择。

2. 试件组对间隙：始焊端 3 mm，终焊端 4 mm；预留反变形 3°～4°；错边量≤1 mm；钝边 1～1.5 mm。

3. 打底采用断弧法。焊接过程中，熔池前始终保持一个熔孔，深入两侧母材 0.5～1 mm。

4. 填充焊在距焊缝始焊端上方约 10 mm 处引弧，运条采用横向锯齿形或月牙形，焊条与板件的下倾角为 60°～80°，焊条摆动到两侧坡口边缘时，要稍作停顿，填充焊层高度应距离母材表面低 1～1.5 mm。

5. 盖面焊引弧操作方法与填充层相同，焊条与板件下倾角 70°～80°，采用锯齿形或月牙形运条，焊条左右摆动时，在坡口边缘稍作停顿，熔化坡口棱边线 1～2 mm。

四、钢板对接立焊焊缝常见表面缺陷

1. 背面焊瘤和未焊透产生原因：运条不良；电弧透过坡口侧过大；熔孔尺寸过大产生焊瘤；熔孔尺寸过小出现未焊透。

防止措施：掌握好运条角度；注意电弧的位置；掌握好熔孔尺寸。

2. 咬边产生原因：盖面焊坡口两侧停留时间短；运条角度不合适。

防止措施：注意坡口两侧熔化情况；特别注意焊条是否在与钢板垂直面上。

五、管径 $\phi \geqslant 76$ mm 的低碳钢管的对接水平固定焊接的操作技能

1. 焊条直径、焊接电流、焊脚尺寸及焊条角度等焊接参数的选择。

2. 试件组对间隙 2.5～3.0 mm；错边量≤1 mm；钝边 1～2 mm；定位焊：定位焊缝位

于管道截面上相当于"10点钟"和"2点钟"位置，每处定位焊缝长度为10～15 mm。

3. 打底焊采用断弧焊，在6点钟位置后5～10 mm处坡口面上引弧后以稍长的电弧加热该处1～2 s，开始施焊。

4. 填充焊采用连弧焊进行焊接。填充焊焊接时焊条角度与打底焊相同。运条方法采取的是短弧月牙运条方式，同时注意电弧在坡口两侧做适当停留以及焊缝的成形情况，保证焊道不能损坏坡口边缘棱边。

5. 盖面焊运条方法与填充焊相同，但焊条水平横向摆动的幅度应比填充焊更宽，电弧从一侧摆至另一侧时应稍快些，当摆至坡口两侧时，电弧进一步缩短，并要稍作停顿以避免咬边。

辅导练习题

一、**判断题**（下列判断正确的请在括号中打"√"，错误的请在括号内打"×"）

1. 管板焊接时，板件的承热能力比管件小。（　　）
2. 应按照焊条类型及直径大小选择焊钳的规格。（　　）
3. 焊接过程中的许多缺陷，如气孔、裂纹、夹渣和偏析等大都是在熔池凝固过程中产生的。（　　）
4. 焊前预热的温度越高，越容易产生裂纹。（　　）
5. 平板对接横焊时，焊接电流比立焊时稍小一些。（　　）
6. 管件垂直固定焊条电弧焊如采用多层多道焊时，应采用直线运条法。（　　）
7. 为了提高电弧的稳定性，一般多采用电离电位较高的碱金属及碱土金属的化合物作为稳弧剂。（　　）
8. E5515焊条中的"55"表示熔敷金属抗拉强度最小值为55MPa。（　　）
9. 直流弧焊机（包括逆变式直流弧焊机）引弧容易，性能柔和，电弧稳定，飞溅少。（　　）
10. 碱性焊条不能使用交流电源焊接。（　　）
11. 同样板厚，T形接头应比对接接头使用的焊条粗些。（　　）
12. 电弧电压升高意味着电弧长度增加。（　　）
13. 焊缝转角是指焊缝轴线与水平面之间的夹角。（　　）
14. 焊接时直线形运条法适用于宽度较大的对接平焊缝及对接立焊缝的表面焊缝的焊接。（　　）
15. 酸性焊条的飞溅要比碱性焊条小。（　　）

16. 焊脚尺寸越大，焊缝的金属量增加，焊缝金属本身的横向收缩量减小，角变形也就越小。（ ）
17. 焊缝质量检验包括焊前检验、焊接过程中检验和焊后成品检验。（ ）
18. 对于碱性焊条，焊前一定要烘干；直流正接；一定要短弧焊接。（ ）
19. 焊接电弧电压是由弧长来决定的，电弧长、电压低，电弧短、电压高。（ ）
20. 焊接时为了看清熔池，应尽量采用长弧焊接。（ ）
21. 碳钢的焊接性主要取决于含碳量，随着含碳量的增加，焊接性逐渐变差。（ ）
22. 国家标准规定焊条电弧焊的余高值为 0～1 mm。（ ）
23. 弧焊时，由于断弧或收弧不当，在焊道末端形成的低洼部分称为弧坑。（ ）
24. 外观检查之前，要求将焊缝表面的熔渣清理干净。（ ）
25. 咬边作为一种缺陷的主要原因是在咬边处会引起应力集中。（ ）
26. 产生夹渣与坡口设计加工无关。（ ）
27. 连弧法打底焊，一般不需穿透成形，即焊道前方无须保持一个穿透的熔孔。（ ）
28. Q235A 中的 A 是表示该钢种为优质钢。（ ）
29. 低温焊后热处理是指加热温度在 300℃ 以下的热处理。（ ）
30. 外观质量在很大程度上取决于焊接参数是否合适，与焊工操作水平无关。（ ）
31. 焊接时产生的弧光是由紫外线和红外线组成的。（ ）
32. 焊接电流过小会使气孔产生的倾向减小。（ ）
33. 凡是有利于减小焊接残余应力和避免应力集中的措施，均可以减小再热裂纹的倾向。（ ）
34. 焊条药皮的保护作用不包括气保护。（ ）

二、单项选择题（下列每题有 4 个选项，其中只有 1 个是正确的，请将其代号填写在横线空白处）

1. 对于重要的低合金钢焊接产品，为确保产品使用的安全性，焊缝应具有优良的低温冲击韧性和断裂韧度，应选用_____焊接材料。
   A. 高强度　　　　　　　　　　B. 高韧性
   C. 高硬度　　　　　　　　　　D. 低强度

2. 500A 规格的焊钳，适用焊条直径范围_____ mm。
   A. 1.6～2　　　　　　　　　　B. 2～5
   C. 3.2～8　　　　　　　　　　D. 5～8

3. 在正常焊接参数内，焊条熔化速度与_____成正比。
   A. 焊接电流　　　　　　　　　B. 焊接速度

C. 焊条直径　　　　　　　　D. 电弧电压
4. 表示焊条金属熔化特性的主要参数是_____。
   A. 熔化速度　　　　　　　　B. 熔合比
   C. 成形系数　　　　　　　　D. 形状系数
5. 焊条电弧焊时，电源的种类根据焊条的性质进行选择。通常，酸性焊条可采用_____电源。
   A. 交流　　　　　　　　　　B. 直流
   C. 交、直流　　　　　　　　D. 整流
6. 可有效防止夹渣的措施是_____。
   A. 认真清除层间熔渣　　　　B. 焊前预热
   C. 烘干焊条　　　　　　　　D. 采用多层多道焊
7. 熔焊时焊道与母材之间或焊道与焊道之间未完全熔化结合的部分称为_____。
   A. 未焊透　　　　　　　　　B. 未熔合
   C. 烧穿　　　　　　　　　　D. 咬边
8. 通常进行焊接修复的焊接方法是_____。
   A. 焊条电弧焊　　　　　　　B. 钨极氩弧焊
   C. 自动焊　　　　　　　　　D. 熔化极气体保护焊
9. 采用酸性焊条焊接薄钢板、铸铁、有色金属时，为防止烧穿和降低熔合比等，通常采用_____。
   A. 交流　　　　　　　　　　B. 直流正接
   C. 直流反接　　　　　　　　D. 任意
10. 对于相同化学成分的低碳钢焊缝金属，冷却速度越大，焊缝金属中的_____体越多。
    A. 珠光　　　　　　　　　　B. 铁素
    C. 马氏　　　　　　　　　　D. 奥氏
11. 横焊、仰焊等空间位置比平焊时所选用的焊条应细一些，直径不超过_____mm。
    A. 2.0　　　　　　　　　　B. 3.2
    C. 4.0　　　　　　　　　　D. 5.0
12. 焊缝断面上不同分层的化学成分分布不均匀的现象称为_____偏析。
    A. 显微　　　　　　　　　　B. 区域
    C. 层状　　　　　　　　　　D. 晶界

13. 造成电弧磁偏吹的原因是_____。
    A. 焊条偏心   B. 焊工技术不好
    C. 磁场的作用   D. 气流的干扰

14. 焊条的化学成分中对焊缝金属有害的是_____。
    A. S，P   B. Cr，Ni
    C. Mn，M_O D. V

15. 碱性焊条选用的焊接电流比酸性焊条小_____左右。
    A. 5%   B. 10%
    C. 15%   D. 20%

16. 不锈钢焊条比碳钢焊条选用电流小_____左右。
    A. 5%   B. 10%
    C. 15%   D. 20%

17. 在中、厚板焊接时，每层焊道厚度不大于_____mm。
    A. 2～3   B. 3～4
    C. 4～5   D. 5～6

18. 短弧是指弧长为焊条直径的_____倍。
    A. 0.5～1   B. 1～1.5
    C. 1.5～2   D. 2～2.5

19. 一般结构咬边深度不得超过_____mm。
    A. 0.3   B. 0.5
    C. 0.8   D. 1

20. 低碳钢管垂直固定焊的操作要点是_____。
    A. 上、下焊道焊速要快   B. 上、下焊道焊速要慢
    C. 上、中、下焊道焊速要慢   D. 中间焊道焊速要快

21. 横焊坡口的特点是_____。
    A. 只上板开坡口   B. 下板开坡口
    C. 上板不开坡口   D. 下板不开坡口或坡口角度小于上板

22. 低碳钢的过热组织为粗大_____。
    A. 铁素体   B. 珠光体
    C. 奥氏体   D. 魏氏组织

23. 低碳钢不能用来制造工作温度高于_____℃的容器等。
    A. 300   B. 400

C. 500　　　　　　　　　　　　D. 600

24. 采用焊条电弧焊焊接淬硬倾向较大的钢材时最好采用_____引弧。
    A. 敲击法　　　　　　　　　B. 划擦法
    C. 非接触法　　　　　　　　D. 高频

25. 小电流、低电弧电压能实现稳定的金属熔滴过渡和稳定的焊接过程的过渡形式是_____过渡。
    A. 大滴　　　　　　　　　　B. 细颗粒
    C. 短路　　　　　　　　　　D. 喷射

26. 对于低碳钢可在焊后直接应用_____来矫正焊接残余变形。
    A. 机械矫正法　　　　　　　B. 火焰加热矫正法
    C. 散热法　　　　　　　　　D. 自重法

27. _____是影响焊缝宽度的主要因素。
    A. 焊接电流　　　　　　　　B. 电弧电压
    C. 焊接速度　　　　　　　　D. 焊丝直径

28. 碱性焊条的烘干温度通常为_____℃。
    A. 75～150　　　　　　　　B. 250～300
    C. 350～400　　　　　　　D. 450～500

29. 焊条烘干的目的主要是_____。
    A. 保证焊缝金属的抗拉强度　B. 去除药皮中的水分
    C. 降低药皮中的含氧量　　　D. 改善脱渣性能

30. 焊条做横向摆动的目的是保证_____。
    A. 焊缝宽度　　　　　　　　B. 熔深
    C. 余高　　　　　　　　　　D. 焊缝强度

31. 可以选择较大焊接电流的焊接位置是_____位焊接。
    A. 平　　　　　　　　　　　B. 立
    C. 横　　　　　　　　　　　D. 仰

32. 焊接电流过小时，焊缝_____，焊缝两边与母材熔合不好。
    A. 宽而低　　　　　　　　　B. 宽而高
    C. 窄而低　　　　　　　　　D. 窄而高

33. 防止咬边的方法不包括_____。
    A. 电弧不能过长　　　　　　B. 掌握正确的运条方法和运条角度
    C. 调整装配间隙　　　　　　D. 选择合适的焊接电流

34. 焊条电弧焊时采用的电源有直流和交流两大类，要根据_____进行选择。
    A. 工件材质　　　　　　　　　　B. 工件厚度
    C. 焊接线能量　　　　　　　　　D. 焊条类型

35. 防止弧坑的措施不包括_____。
    A. 提高焊工操作技能　　　　　　B. 适当摆动焊条以填满凹陷部分
    C. 在收弧时做几次环形运条　　　D. 适当加快熄弧

36. 焊条电弧焊在正常的焊接电流范围内，电弧电压主要与_____有关。
    A. 焊接电流　　　　　　　　　　B. 焊条直径
    C. 电弧长度　　　　　　　　　　D. 电极材料

37. 焊出来的焊缝余高较大，采用_____形运条法。
    A. 直线　　　　　　　　　　　　B. 锯齿
    C. 月牙　　　　　　　　　　　　D. 以上都是

38. 厚度 $\delta=12$ mm 的低碳钢板或低合金钢板对接平焊，要求单面焊双面成形，则打底焊时焊条与焊接前进方向的角度为_____。
    A. $35°\sim45°$　　　　　　　　B. $40°\sim50°$
    C. $45°\sim55°$　　　　　　　　D. $50°\sim60°$

39. 厚度 $\delta=12$ mm 的低碳钢板或低合金钢板对接平焊，要求单面焊双面成形，采用灭弧法打底焊时，熔池前端应有熔孔，深入两侧母材_____ mm。
    A. $0.1\sim0.5$　　　　　　　　B. $0.5\sim1.0$
    C. $1.0\sim1.5$　　　　　　　　D. $1.5\sim2.0$

40. 厚度 $\delta=12$ mm 的低碳钢板或低合金钢板对接平焊，要求单面焊双面成形，采用灭弧法打底焊时，使电弧的_____压住熔池。
    A. 1/2　　　　　　　　　　　　 B. 1/3
    C. 2/3　　　　　　　　　　　　 D. 2/5

41. 为改善焊缝金属组织而进行的跟踪回火的温度应控制在_____℃。
    A. $100\sim200$　　　　　　　　B. $300\sim400$
    C. $900\sim1\,000$　　　　　　 D. $700\sim800$

42. 焊前预热温度取决于_____、母材厚度、结构刚度、焊条类型和工艺方法。
    A. 母材化学成分　　　　　　　　B. 焊缝形式
    C. 碳当量　　　　　　　　　　　D. 焊接位置

43. 不能改善焊缝固态相变组织的方法是_____。
    A. 振动结晶　　　　　　　　　　B. 焊后热处理

C. 跟踪回火处理 D. 多层焊接

44. 厚度δ＝12 mm的低碳钢板或低合金钢板对接平焊，填充焊时焊条与焊接前进方向的角度为_____。
    A. 40°～50°　　　　　　　B. 50°～60°
    C. 60°～70°　　　　　　　D. 70°～80°

45. 热影响区的性能常用热影响区的_____来间接判断。
    A. 组织分布　　　　　　　B. 最高硬度
    C. 宽度　　　　　　　　　D. 冷却条件

46. 在焊接中最好的脱硫剂是_____。
    A. 碳　　　　　　　　　　B. 硅
    C. 锰　　　　　　　　　　D. 铁

47. 厚度δ＝12 mm的低碳钢板或低合金钢板对接平焊，打底焊在正常焊接时，熔孔直径大约为所用焊条直径_____倍。
    A. 0.5　　　　　　　　　　B. 1.0
    C. 1.5　　　　　　　　　　D. 2.0

48. 单面焊双面成形按其操作手法大体上可分为_____两大类。
    A. 连弧法和断弧法　　　　B. 两点击穿法和一点击穿法
    C. 左焊法和右焊法　　　　D. 冷焊法和热焊法

49. 钢板对接平焊盖面焊时，如接头位置偏前则易造成_____。
    A. 接头部位焊缝过高　　　B. 夹渣
    C. 焊道脱节　　　　　　　D. 焊瘤

50. 电弧电压过高时易产生的缺陷是_____。
    A. 咬边和夹渣　　　　　　B. 咬边和焊瘤
    C. 烧穿和夹渣　　　　　　D. 咬边和气孔

51. 造成熔深减小、熔宽加大的原因有_____。
    A. 电流过大　　　　　　　B. 电压过低
    C. 电弧过长　　　　　　　D. 速度过快

52. 焊接速度过慢，会造成_____。
    A. 未焊透　　　　　　　　B. 未熔合
    C. 烧穿　　　　　　　　　D. 咬边

53. 焊接速度过快，会造成_____。
    A. 焊缝过高　　　　　　　B. 焊缝过宽

C. 烧穿 D. 咬边

54. 重要的焊接结构咬边_____。

A. 允许存在 B. 允许深度小于 1 mm

C. 不允许存在 D. 允许深度超过 0.5 mm 的一定数值以下

55. _____缺陷对焊接接头危害性最大。

A. 气孔 B. 夹渣

C. 夹钨 D. 氢致裂纹

参 考 答 案

一、判断题

1. ×	2. ×	3. √	4. ×	5. ×	6. √	7. ×	8. ×	9. √
10. ×	11. √	12. √	13. ×	14. ×	15. √	16. ×	17. √	18. ×
19. ×	20. ×	21. √	22. ×	23. √	24. √	25. √	26. ×	27. ×
28. ×	29. ×	30. ×	31. ×	32. ×	33. √	34. ×		

二、单项选择题

1. B	2. C	3. A	4. A	5. C	6. A	7. B	8. A	9. C
10. A	11. C	12. C	13. C	14. A	15. B	16. D	17. C	18. A
19. B	20. A	21. D	22. D	23. B	24. A	25. C	26. A	27. B
28. C	29. B	30. A	31. A	32. D	33. C	34. D	35. D	36. C
37. C	38. B	39. B	40. C	41. C	42. A	43. A	44. D	45. B
46. C	47. C	48. A	49. C	50. D	51. C	52. C	53. D	54. C
55. D								

第2章 熔化极气体保护焊

考 核 要 点

理论知识考核范围	考核要点	重要程度
熔化极气体保护焊相关知识	1. CO_2气体保护焊的熔滴过渡类型及影响因素	★★★
	2. CO_2气体保护焊焊接参数选择原则	★★★
	3. CO_2气体保护焊左焊法与右焊法	★
低碳钢板或低合金钢板熔化极气体保护焊操作	1. 低碳钢板或低合金钢板横焊缝的CO_2气体保护焊,单面焊双面成形	★★
	2. 低碳钢板或低合金钢板对接立焊单面焊双面成形CO_2气体保护焊操作要领	★★★
	3. 中等管径低碳钢或低合金钢垂直固定的CO_2气体保护焊操作要领	★★★

注:表中"重要程度"中,"★"为重要程度级别最低,"★★★"为重要程度级别最高。

重点复习提示

一、CO_2气体保护焊的熔滴过渡类型及影响因素

1. 短路过渡

短路过渡焊接与普通焊接状态相比,电弧长度变短时,使熔滴和母材短路,由于焊接电源所具有的特性,将产生比焊接时大得多的短路电流,在该短路电流的作用下,电磁收缩力变大,产生切断焊丝末端熔化金属的力量。

2. 颗粒过渡

在CO_2气体保护焊中,电弧将收缩并向中间部位集中,由此产生防止熔滴脱离的力量,将使熔滴以不规则的大粒子形态过渡,这种形态的熔滴过渡被称为颗粒过渡。

3. 喷射过渡

用惰性气体作为保护气体的熔化极惰性气体保护焊(MIG)或富氩混合气体(CO_2 25%+Ar 75%)保护焊中,如焊丝电流达到某个值,电弧周围将产生高速度的气流,熔滴将以

非常细的形态过渡，这种形态的熔滴过渡被称作喷射过渡。

二、CO_2 气体保护焊焊接参数选择原则

1. 焊接电流

焊接电流是影响焊丝及母材熔化的重要因素，也是决定熔深的最重要因素，如果焊接电流增大，电极（焊丝）和母材熔化的速度也会增大，但焊道宽度并没有什么变化。

2. 电弧电压

电弧电压可以看作是电弧长度的同义词，它是决定焊道形状的最重要因素。电弧电压升高时，电弧长度变长，焊道将会变平。电弧电压降低时，电弧长度将会变短，严重时焊丝会触到母材，并形成宽度窄且高度较高的焊道。

3. 焊接速度

焊接速度与焊接电流和电弧电压同为焊接深度、焊道形状和熔敷金属量等的决定性因素。如果使焊接速度过慢，熔敷金属流向焊枪前侧时，将发生熔合不良、混入焊渣、焊瘤或熔深不好的现象。焊速过快，将引起咬边，成形不良等焊接缺陷。

4. 焊嘴与母材之间的距离

焊嘴与母材之间的距离是决定保护效果、电弧稳定性、焊丝熔融量以及焊接作业性的重要因素。当焊嘴与母材之间的距离较短时，保护效果将得到增强，但喷嘴上容易黏附溅渣，经过不长时间就会使保护效果变差。距离过高，则保护效果也会变差。

5. 气体流量和喷嘴高度

气体纯度、流量及喷嘴的高度均可对焊接质量特别是气孔等焊接缺陷的发生产生重大的影响，因此，气体流量和喷嘴的高度必须根据焊接条件做出适当的选择。

6. CO_2 气体保护焊接参数选择的注意事项

生产中应根据焊接工艺评定试验结果编制焊接工艺规程（守则）文件来指导生产。

三、CO_2 气体保护焊左焊法与右焊法

二氧化碳气体保护焊法一般采用左焊法，但由于右焊法也具有很好的特性，因而可以通过对两者的区别使用来提高作业效率及焊接质量。在左焊法和右焊法中，如果焊枪的倾斜角度变大，电弧力作用的方向也会由此倾斜，因此，焊枪的倾斜最好总是保持在一定范围之内。在左焊法中，焊枪角度通常保持在15°~20°，当倾斜角变大时，电弧产生点的前侧将有大量的熔化金属堆积，并且焊道宽度不均匀，产生大量颗粒大的溅渣，熔深也会变浅。

四、低碳钢板或低合金钢板对接立焊单面焊双面成形 CO_2 气体保护焊操作要领

焊接方向采取从下至上。药芯焊丝在引弧时与实芯焊丝不一样，不能采用接触引弧方法。引弧时焊丝不能与工件接触，焊丝端部要指向即将引弧的地方而且保持一定距离（1～2 mm，不接触即可），按下焊枪上微动焊接开关，引弧成功开始焊接。其他与实芯焊丝要求一样。药芯焊丝 CO_2 气体保护焊焊接与实芯焊丝 CO_2 气体保护焊焊接方法基本一致，而且药芯焊丝焊接电弧更稳定，飞溅更小，也更易成形。

打底焊焊接过程中，要特别注意的是，焊枪的左右锯齿形摆动应是整个焊枪左右平移，而不是只有焊枪头摆动，否则易造成咬边或焊道凸起，左右摆动速度要均匀，上升幅度（节距）要合适。

五、中等管径低碳钢或低合金钢垂直固定的 CO_2 气体保护焊操作要领

1. 调整间隙

组对间隙 3.0 mm。组装方法与焊条电弧焊焊接钢管一样。

2. 点焊

采取直接点焊法，焊道长 5～10 mm，焊缝厚度不可过大，一般最大不应超过 2.5 mm，要求无可见缺陷，背面成形良好，两端成缓坡状，必要时可打磨得到。点焊位置与焊条电弧焊焊接相应项目一样，即点焊后马上使用的点焊两处，呈 120°分布，与点焊处成 120°的另一处为起始焊接位置（相当于 6 点钟位置）。

3. 焊道布置

一般采用三层四道。

4. 试件固定

将 6 点钟位置作为起焊点，3、9 点钟位置为点焊位置。焊接时将整个试件以垂直中心线（12、6 点钟连线）分为两个半周，以 6 点钟到 12 点钟（逆时针）为前半周，另一半（顺时针）为后半周。

5. 打底焊

在 6 点钟位置后 5～10 mm 处坡口面上引弧后开始焊接，焊枪做小幅斜锯齿或斜椭圆形摆动，只要看见两侧母材金属熔化就可继续，当摆至坡口两侧时稍作停留。在焊接过程中焊丝不仅始终不能离开熔池，而且要使焊丝端部的摆动始终在熔池的从前到后 1/3 处。

6. 填充层焊接

填充层焊接时焊枪采取与打底焊相同角度，运条方法一样采取斜锯齿形或斜椭圆形运条

方式，注意摆动时焊丝同样应保持在熔池中，而且主要在熔池的前半部，同时摆动速度要在熔池中快，在上坡口边比下坡口时停留时间要稍长，同时注意摆动幅度要均匀，千万不可过大，以防坡口边缘棱边被熔化。

7. 盖面焊焊接

开始盖面层焊接之前，应将填充焊道的熔渣、飞溅清理干净，特别是焊道与坡口面之间的结合处，必要时可用打磨机打磨焊道高出部分。盖面层焊接采取一层两道方式完成。焊枪工作角与填充焊时一样，

辅导练习题

一、判断题（下列判断正确的请在括号中打"√"，错误的请在括号内打"×"）

1. 由于细丝 CO_2 气体保护焊工艺比较成熟，因此应用比粗丝 CO_2 气体保护焊广泛。（　）

2. CO_2 气体保护焊用于焊接低碳钢和低合金钢时，主要采用硅锰联合脱氧的方法。（　）

3. 气电立焊用焊枪和普通熔化极气体保护焊采用的焊枪没有区别。（　）

4. 颗粒过渡焊接时的特点是电弧电压比较高，焊接电流比较大。（　）

5. 熔化极气体保护焊通常采用直流焊接电源，这种电源可为整流器式、原动机—发电机式和逆变式。（　）

6. 焊嘴与母材之间的距离是决定保护效果、电弧稳定性的重要因素。（　）

7. CO_2 气体保护焊电弧电压过高时将引起焊道变宽变扁。（　）

8. 富氩混合气体（CO_2 25%＋Ar 75%）保护焊中电弧稳定性好，很容易获得轴向过渡，同时电弧具有氧化性。（　）

9. 细丝 CO_2 气体保护焊一般采用直流电源。（　）

10. CO_2 气体保护焊时，会产生 CO 有毒气体。（　）

11. CO_2 气体保护焊金属飞溅引起火灾的危险比其他焊接方法大。（　）

12. 气体纯度、流量及喷嘴高度均可对焊接质量特别是气孔等焊接缺陷的发生产生重大的影响。（　）

13. CO_2 气体保护焊结束后，必须切断电源和气源，检查现场，确保无火种方能离开。（　）

14. 采用 CO_2 气体保护焊时，要解决好对熔池金属的氧化问题，一般是采用含有脱氧剂的焊丝来进行焊接。（　）

15. CO_2气体中水分的含量与气压有关,气体压力越低,气体中水分的含量越低。
( )
16. 焊接用 CO_2 气体和氩气一样,为瓶装的气态物质。 ( )
17. 常用的牌号为 H08Mn2SiA 焊丝中的"H"表示焊接。 ( )
18. 常用的牌号为 H08Mn2SiA 焊丝中的"A"表示硫、磷含量≤0.03%。 ( )
19. 采用短路过渡焊接时,确定电弧电压时可不考虑焊接电流。 ( )
20. CO_2气体保护焊的送丝机有推丝式、拉丝式、推拉丝式三种形式。 ( )
21. 预热器的作用是防止 CO_2 从液态变为气态时,由于放热反应会使瓶阀及减压器冻结。
( )
22. NBC-350 型焊机是 CO_2 气体保护焊焊机。 ( )
23. CO_2气体保护焊的供气系统由气瓶、预热器、干燥器、减压器(阀)、流量计、电磁阀等组成。
( )
24. 短路过渡的特点是电压高、电流大。 ( )
25. 粗丝 CO_2 气体保护焊时,熔滴过渡形式往往都是短路过渡。 ( )
26. 药芯焊丝气体保护焊采用气渣联合保护。 ( )
27. 焊缝金属含氢增加,将使焊缝金属的塑性下降。 ( )
28. 在 CO_2 气体保护焊中,当二氧化碳被电弧热分解成一氧化碳和氧气时,将从电弧中吸收热量。
( )
29. CO_2气体保护焊时,只要焊丝选择恰当,产生 CO_2 气孔的可能性就很小。 ( )
30. 飞溅是 CO_2 气体保护焊的主要缺点。 ( )
31. CO_2气体保护焊采用直流反接时,极点压力大,造成大颗粒飞溅。 ( )
32. CO_2气体保护焊的焊接电流增大时,熔深有相应地增加。 ( )
33. CO_2气体保护焊时必须使用直流电源。 ( )
34. CO_2气体保护焊时焊丝表面的清洁程度会影响到焊缝金属的含氢量。 ( )
35. 气电立焊的气体可以是单一气体或混合气体。 ( )
36. 气电立焊通常用于焊接较厚的低碳钢和低合金钢,也可用于焊接奥氏体不锈钢和其他合金。
( )
37. 气电立焊采用自保护药芯焊丝也需要气体保护。 ( )

二、**单项选择题**(下列每题有 4 个选项,其中只有 1 个是正确的,请将其代号填写在横线空白处)

1. CO_2气瓶的外表涂成_____。

    A. 白色   B. 银灰色

C. 天蓝色 D. 铝白色

2. 焊接用的 CO_2 气体一般纯度要求不低于_____。
   A. 98.5% B. 99.5%
   C. 99.95% D. 99.99%

3. 为了防止焊缝产生气孔，要求 CO_2 气瓶内的压力不低于_____ MPa。
   A. 0.098 B. 0.98
   C. 4.8 D. 9.8

4. 常用的牌号为 H08Mn2SiA 焊丝中的 "08" 表示_____。
   A. 含碳量为 0.08% B. 含碳量为 0.8%
   C. 含碳量为 8% D. 含锰量为 0.08%

5. 常用的牌号为 H08Mn2SiA 焊丝中的 "Mn2" 表示_____。
   A. 含锰量为 0.02% B. 含锰量为 0.2%
   C. 含锰量为 2% D. 含锰量为 20%

6. CO_2 气体保护焊的送丝机中适用于 0.8 mm 细丝的是_____。
   A. 推丝式 B. 拉丝式
   C. 推拉丝式 D. 拉推丝式

7. 细丝 CO_2 气体保护焊时，熔滴过渡形式一般都是_____。
   A. 短路过渡 B. 细颗粒过渡
   C. 粗滴过渡 D. 喷射过渡

8. CO_2 气体保护焊的 CO_2 气体具有氧化性，可以抑制_____气孔的产生。
   A. CO B. H_2
   C. N_2 D. NO

9. CO_2 气体保护焊的焊丝伸出长度通常取决于_____。
   A. 焊丝直径 B. 焊接电流
   C. 电弧电压 D. 焊接速度

10. CO_2 气体保护焊用的 CO_2 气瓶采用电热预热器时，电压应低于_____ V。
    A. 60 B. 36
    C. 12 D. 6

11. 焊接时，_____气体不会产生气孔。
    A. CO B. CO_2
    C. H_2 D. N_2

12. 目前 CO_2 气体保护焊主要用于_____的焊接。

A. 低碳钢与低合金钢 B. 铝及铝合金
C. 铜及铜合金 D. 钛及钛合金

13. CO_2 气体保护焊主要优点之一有_____。
   A. 生产率高 B. 焊接应力大
   C. 飞溅少 D. 焊接变形大

14. 气电立焊，多采用_____时，可以通过电弧电压的反馈来控制行走机构。
   A. 陡降特性 B. 平特性
   C. 上升特性 D. 垂直上升特性

15. CO_2 气体保护焊主要可能产生的气孔之一是_____气孔。
   A. CO_2 B. O_2
   C. CO D. NO

16. CO_2 气体保护焊时产生氮气孔的原因不包含_____。
   A. CO_2 气体流量过小 B. 喷嘴至工件距离过大
   C. 工件表面有铁锈 D. 喷嘴被飞溅物堵塞

17. CO_2 气体保护焊的焊接参数不包含_____。
   A. 焊丝直径 B. 焊接电流
   C. 电弧电压 D. 焊机负载持续率

18. CO_2 气体保护焊的焊丝直径不应根据_____等条件来选择。
   A. 焊件厚度 B. 焊件尺寸
   C. 生产率的要求 D. 电源极性

19. CO_2 气体保护焊时焊接电流不应根据_____来选择。
   A. 工件厚度 B. 焊丝直径
   C. 施焊位置 D. 焊丝牌号

20. CO_2 气体保护焊的电弧电压一般不根据_____来选择。
   A. 焊丝直径 B. 焊接电流
   C. 熔滴过渡形式 D. 焊接位置

21. 细丝 CO_2 气体保护焊焊机一般具有_____特性。
   A. 交流 B. 高频
   C. 低频 D. 恒压

22. 短路过渡焊接在短路电流的作用下，电磁收缩力_____，产生切断焊丝末梢的力量。
   A. 变小 B. 变大

C. 不变 D. 忽大忽小

23. 短路过渡焊接短路现象肉眼是＿＿＿＿的。
    A. 能看到 B. 不一定看到
    C. 看不到 D. 一会看到一会看不到

24. 直径较小的焊丝通以大电流，电流密度较大，因而 CO_2 气体保护焊焊接效率较高而飞溅＿＿＿＿。
    A. 较多 B. 较少
    C. 很少 D. 忽多忽少

25. 如焊丝电流达到某个值（临界电流），熔滴将以非常细的形态过渡，电弧周围将产生高速度的气流（等离子体流），这种过渡被称作＿＿＿＿过渡。
    A. 喷射 B. 块状
    C. 球状 D. 线状

26. 半自动 CO_2 气体保护焊引弧，常采用＿＿＿＿引弧法。
    A. 划擦 B. 短路
    C. 抽丝 D. 高频高压

27. 对于短路过渡来说，如果焊嘴与母材之间的距离变长，则短路次数将减少，电弧将变得＿＿＿＿。
    A. 稳定 B. 不稳定
    C. 较稳定 D. 不变

28. 在对直径较小的焊丝中通以大电流的 CO_2 气体保护焊中，电弧的指向性强，如果使焊丝倾斜，电弧力将作用在该方向上，这被称为电弧的＿＿＿＿。
    A. 磁力 B. 偏吹
    C. 软度 D. 硬直性

29. CO_2 气体保护焊的＿＿＿＿是影响焊丝及母材熔化的重要因素，是决定熔深的最重要因素。
    A. 焊接电流 B. 焊接电压
    C. 焊接速度 D. 焊接方向

30. 在 CO_2 气体保护焊中使用的是具有恒定电压特性的电源，＿＿＿＿是通过调节送丝速度来进行调节的。
    A. 焊接电流 B. 电弧电压
    C. 焊接速度 D. 电弧高度

31. 气电立焊板材厚度在＿＿＿＿ mm 之间最为适宜。

A. 6～80 B. 12～80
C. 16～80 D. 20～80

32. 气电立焊电源的负载持续率为_____。
A. 100% B. 80%
C. 60% D. 40%

参考答案

一、判断题

1.√	2.√	3.×	4.√	5.√	6.√	7.√	8.√	9.√
10.√	11.√	12.√	13.√	14.√	15.×	16.×	17.√	18.√
19.×	20.√	21.×	22.√	23.√	24.×	25.√	26.√	27.√
28.√	29.√	30.√	31.×	32.√	33.√	34.√	35.√	36.√
37.×								

二、单项选择题

1.D	2.B	3.B	4.A	5.C	6.B	7.A	8.B	9.A
10.B	11.B	12.A	13.A	14.A	15.C	16.C	17.D	18.D
19.D	20.D	21.D	22.B	23.C	24.A	25.A	26.B	27.B
28.D	29.A	30.A	31.B	32.A				

第3章 非熔化极气体保护焊

考 核 要 点

理论知识考核范围	考核要点	重要程度
低碳钢管板插入式或骑座式的手工钨极氩弧焊	1. 钨极氩弧焊焊缝中的有害气体及有害元素	★★★
	2. 低碳钢管板手工钨极氩弧焊热影响区的组织和性能	★
	3. 影响管径 $\phi<60$ mm 低碳钢管板手工钨极氩弧焊接接头质量的因素	★★
	4. 低碳钢管板手工钨极氩弧焊焊接参数	★★★
	5. 低碳钢管板手工钨极氩弧焊操作要领及外观检查	★★★
管径 $\phi<60$ mm 低合金钢管对接水平固定和垂直固定手工钨极氩弧焊	1. 钢管对接非熔化极气体保护焊试件坡口选择原则、坡口打磨、清理的技术要领	★★
	2. 管径 $\phi<60$ mm 低合金钢管对接水平固定和垂直固定手工钨极氩弧焊焊接参数	★★
	3. 管径 $\phi<60$ mm 低合金钢管对接垂直固定的手工钨极氩弧焊	★★★
	4. 管径 $\phi<60$ mm 低合金钢管对接水平固定的手工钨极氩弧焊	★★★

注：表中"重要程度"中，"★"为重要程度级别最低，"★★★"为重要程度级别最高。

重点复习提示

一、钨极氩弧焊焊缝中的有害气体及有害元素

焊接过程中的有害气体及有害元素主要来源于所采用的保护气体及其杂质（如氧、氮、水气等）。焊丝表面上和母材坡口附近的氧化铁皮、铁锈、油污、油漆和吸附水等，在焊接时也会析出气体。

焊缝中的有害气体及有害元素主要有氮、氢、氧、硫、磷等。氮使焊缝金属硬度和强度提高，塑性和韧性降低。此外，氮也是形成气孔的主要原因之一；氢引起氢脆性、白点、硬度升高、气孔等，使焊缝金属的塑件严重下降，严重时将引起裂纹；氧使其强度、塑性和冲击韧度明显下降；硫降低焊缝金属的抗冲击性和抗腐蚀性；磷会增加钢的冷脆性。

二、低碳钢管板手工钨极氩弧焊焊接参数

焊接参数包括焊接电流种类及极性、电弧电压、焊接速度、喷嘴直径、喷嘴与焊件的距离、钨极伸出长度、气体保护方式及流量等。

焊接电流通常是根据工件的材质、厚度和接头的空间位置来选择的；低碳钢钨极氩弧焊一般选择直流正接；钨极氩弧焊的电弧电压主要是由弧长决定的，弧长增加，电弧电压增高，焊缝宽度增加，熔深减小；手工钨极氩弧焊时，通常是根据熔池的大小、熔池形状和两侧熔合情况随时调整焊接速度；喷嘴直径一般取 8~20 mm 为宜；喷嘴至焊件间的距离为 7~15 mm；通常焊对接焊缝时，钨极伸出长度为 5~6 mm 较好；焊角焊缝时，钨极伸出长度为 7~8 mm 较好。

三、低碳钢管板手工钨极氩弧焊操作要领及外观检查

1. 管板插入式垂直固定俯位焊接的操作要领

采用 2 层 2 道，左焊法；打底焊时，在工件右侧的定位焊缝上引弧，先不填加焊丝，焊枪稍加摆动，待定位焊缝开始熔化并形成熔池后，开始填加焊丝，向左焊接；电弧应以管子与孔板的顶角为中心开始做横向摆动，摆动幅度要适当，使焊脚大小均匀；接头时，在原收弧处右侧 15~20 mm 的焊缝上引弧，引燃电弧后，将电弧迅速左移到原收弧处，先不加焊丝，待需要接头处熔化形成熔池后，开始加焊丝，按正常速度焊接，保证接头处熔合良好。

2. 管板插入式垂直固定仰位焊接的操作要领

焊接时熔化的母材和焊丝熔滴易下坠，必须严格控制焊接热输入和冷却速度。管板焊接电流可稍小些，焊接时速度稍快，送丝频率加快，但要加大送丝量，氩气流量适当加大，焊接时尽量压低电弧。焊缝采用 2 层 3 道，左向焊。

3. 管板骑坐式水平固定焊接的操作要领

必须同时掌握平焊、立焊和仰焊技术才能焊好这个位置的试件。2 层 2 道，先焊打底层，后焊盖面层，每层都分成两半，先按顺时针方向焊前半圈，后按逆时针方向焊后半圈。每层都按前、后两半圈依次焊接。

4. 外观检查

外观检查主要指表面及成形缺陷，包括焊缝尺寸不符合要求、咬边、弧坑、烧穿和塌陷、焊瘤、严重飞溅等，掌握各种焊接缺陷产生的原因及防止措施。

四、管径 $\phi < 60$ mm 低合金钢管对接垂直固定的手工钨极氩弧焊

1. 焊接参数的选择

2. 试件装配

钝边为 0~0.5 mm；间隙为 1.5~2.0 mm；定位焊为一点定位，焊点长度为 10~15 mm，并保证该处间隙为 2 mm，与它相隔 180°处间隙为 1.5 mm。

3. 焊接操作

（1）试件采用 2 层 3 道焊，打底焊为 1 层 1 道；盖面焊为 1 层上、下 2 道。

（2）打底焊在右侧间隙最小 2 mm 处引弧。先不加焊丝，待坡口根部熔化形成熔滴后，将焊丝轻轻地向熔池里送一下，同时向管内摆动，将液态金属送到坡口根部，以保证背面焊缝的高度。填充焊丝的同时，焊枪小幅度做横向摆动并向左均匀移动。

（3）焊下面的盖面焊时，电弧对准打底焊道下沿，使熔池下沿超出管子坡口棱边 0.5~1.5 mm。焊上面的盖面焊道时，电弧对准打底焊道上沿，使熔池超出管子坡口 0.5~1.5 mm。

五、管径 $\phi<60$ mm 低合金钢管对接水平固定的手工钨极氩弧焊

1. 焊接参数的选择

2. 试件装配

钝边为 0~0.5 mm；间隙为 1.5~2.0 mm；试件的装配采用一点定位焊固定，且定位焊处的间隙为 2 mm（另一边间隙为 1.5 mm）。焊点长度为 10~15 mm，要求焊透，并不得有焊接缺陷。

3. 焊接操作

（1）试件采用 2 层 2 道焊接，每层分两个半圆施焊。

（2）打底焊在仰焊部位时钟 6 点钟位置往左 10 mm 处引弧，按逆时针方向进行焊接。焊接打底焊要严格控制钨极、喷嘴与焊缝的位置，即钨极应垂直于管子的轴线，当获得一定大小的明亮清晰的熔池后，才可往熔池填送焊丝。焊接时焊丝与通过熔池的切线成 15°送入熔池前方，焊丝沿坡口的上方送到熔池后，要轻轻地将焊丝向熔池里推一下，并向管内摆动，从而提高焊缝背面高度，避免凹坑和未焊透，在填丝的同时，焊枪应逆时针方向匀速移动。焊完一侧后，焊工转到管子的另一侧位置。焊前，应首先将定位焊缝清除掉，将收弧处（12 点钟处）和起弧处（6 点钟处）修磨成斜坡状并清理干净后，在 6 点钟斜坡处引弧移至左侧离接头 8~10 mm 处，焊枪不动，当获得明亮清晰的熔池后再添加焊丝，按顺时针方向焊至 12 点钟处，接好最后一个接头，焊完打底焊道。

（3）盖面焊。除焊枪作横向摆动的幅度稍大，焊接速度稍慢外，其余与打底焊时相同。

辅导练习题

一、判断题（下列判断正确的请在括号中打"√"，错误的请在括号内打"×"）

1. 钨极氩弧焊焊接过程中，焊接区内充满大量气体，这些气体不断地与熔化金属发生冶金反应，从而影响焊缝金属的成分和性能。（   ）

2. 钨极氩弧焊时，焊接区中的氮主要来自空气，它在高温时溶入熔池，但不能溶解在凝固的焊缝金属中。（   ）

3. 钨极氩弧焊时，氮是形成裂纹的主要原因之一，所以在焊缝中氮是有害的元素。（   ）

4. 钨极氩弧焊时，焊接区的氢使焊缝金属的塑性严重下降，严重时将引起裂纹。
（   ）

5. 钨极氩弧焊时，氧在焊缝中属于有益元素。（   ）

6. 钨极氩弧焊时，溶解在熔池中的氧与碳发生作用，生成不溶于金属的 CO_2，在熔池结晶时来不及逸出，就会形成气孔。（   ）

7. 硫是焊缝金属中有害的杂质之一，当硫以 FeS 的形式存在时危害最大。（   ）

8. 钨极氩弧焊时，磷在钢中也是有害的元素，磷会增加钢的冷脆性，大幅度提高焊缝金属的冲击韧度。（   ）

9. 钨极氩弧焊时，过热区在焊接加热时加热温度范围处在晶粒开始急剧长大的温度之间，对于低碳钢为 1 100～1 490℃。（   ）

10. 钨极氩弧焊过热区晶粒细小，出现了魏氏体组织，是焊接热影响区内性能最差的区域。（   ）

11. 钨极氩弧焊正火区由于晶粒细小均匀，故既有较高的强度，又具有较好的塑性和韧性。（   ）

12. 钨极氩弧焊正火区是焊接接头中综合机械性能最差的区域。（   ）

13. 钨极氩弧焊不完全重结晶区域加热温度范围对于低碳钢为 1 100～1 490℃。（   ）

14. 钨极氩弧焊不完全重结晶区组织的晶粒大小极不均匀，并保留原始组织中的带状特性，使得金属的机械性能恶化，强度有所下降。（   ）

15. 钨极氩弧焊时，应在保证焊缝不产生裂纹的前提下，尽量减小热影响区的宽度。
（   ）

16. 低碳钢钨极氩弧焊一般选择直流反接。（   ）

17. 钨极氩弧焊的电弧电压主要是由弧长决定的，弧长增加，电弧电压增高，焊缝宽度

增加，熔深减小。（　）

18. 低碳钢钨极氩弧焊焊接时，弧长近似等于钨极直径。（　）
19. 手工钨极氩弧焊时，通常是根据熔池的大小、熔池形状和两侧熔合情况随时调整焊接速度。（　）
20. 手工钨极氩弧焊氮气是铜合金焊接时，背部充气保护最安全的气体。（　）
21. 手工钨极氩弧焊焊接根部焊缝时，焊件背部焊缝会受空气污染氧化，因此必须采用背部充气保护，氩气和氦气是所有材料焊接时，背部充气最安全的气体。（　）
22. 钨极氩弧焊必须采用圆形喷嘴对焊接区进行保护，不可选择扁状（如窄间隙钨极氩弧焊）或其他形状。（　）
23. 为了使用方便，钨极的一端常涂有颜色以便识别，铈钨极为灰色。（　）
24. 钨极氩弧焊比较好的引弧方法有高频振荡器引弧和高压脉冲引弧。（　）
25. 管板垂直俯位手工钨极氩弧焊焊接时，由于板和管的壁厚不一样，板的受热量远大于管子，所以焊接时要求电弧中心在板一侧停留的时间比管子的长，可有效防止未焊透。（　）
26. 管板垂直俯位手工钨极氩弧焊采用内加焊丝方法，焊丝一定要加到坡口根部，送丝速度比正常焊接时快一点。（　）
27. 钨极氩弧焊时，高频振荡器的作用是引弧和稳弧，因此在焊接过程中始终工作。（　）
28. 钢管对接非熔化极气体保护焊常用的定位焊方法有直接点焊法、间接点焊法和连接板点焊法三种。（　）
29. 钢管对接非熔化极气体保护焊，对于一般焊接结构，可以选用 H08Mn2SiA，$\phi 2.5$ mm 焊丝。（　）
30. 钢管对接非熔化极气体保护焊，钨极端部不得与熔池接触，以防造成夹钨缺陷。（　）
31. 手工钨极氩弧焊焊接次层焊道时，应将氩气的压力和流量调大一些，以防熔池翻浆。（　）
32. 手工钨极氩弧焊焊接结束后，用钢丝刷清理焊缝表面，应用肉眼或低倍放大镜检查焊缝表面是否有气孔、裂纹、咬边等焊接缺陷。（　）
33. 氩气不与金属起化学反应，高温时不溶于液态金属中。（　）
34. 几乎所有的金属材料都可以采用氩弧焊。（　）
35. 钨极氩弧焊时，焊接电流可根据焊丝直径来选择。（　）
36. 钨极氩弧焊时，氩气流量越大保护效果越好。（　）

37. 钨极氩弧焊时应尽量减少高频振荡器工作时间，引燃电弧后要立即切断高频电源。
（　　）

38. 手工钨极氩弧焊保护效果好，线能量小，因此焊缝金属化学成分好，焊缝和热影响区组织细，焊缝和热影响区的性能好。
（　　）

39. 钨极氩弧焊焊接珠光体耐热钢可以降低预热温度，有时甚至可以不预热。（　　）

二、单项选择题（下列每题有 4 个选项，其中只有 1 个是正确的，请将其代号填写在横线空白处）

1. 钨极氩弧焊时，氮的含量较高时，对焊缝金属的性能有较大的影响，对硬度和强度的影响为_____。

   A. 硬度提高，强度降低　　　　B. 硬度降低，强度提高
   C. 硬度强度都提高　　　　　　D. 硬度和强度都降低

2. 钨极氩弧焊时，氮的含量较高时，对焊缝金属的性能有较大的影响，对塑性和韧性的影响为_____。

   A. 塑形提高，韧性降低　　　　B. 塑性降低，韧性提高
   C. 塑性和韧性都提高　　　　　D. 塑性和韧性都降低

3. 钨极氩弧焊时，氢是焊缝中十分有害的元素、它会产生许多有害的作用。下面说法不正确的是_____。

   A. 氢脆性　　　　　　　　　　B. 白点
   C. 硬度降低　　　　　　　　　D. 气孔

4. _____气体作为焊接的保护气时，电弧一旦引燃燃烧就很稳定，适合手工焊接。

   A. 氩气　　　　　　　　　　　B. CO_2
   C. CO_2＋氧　　　　　　　　D. 氩气＋CO_2

5. 钨极氩弧焊时，硫能促使焊缝金属形成_____，降低焊缝金属的抗冲击性和抗腐蚀性。

   A. 冷裂纹　　　　　　　　　　B. 热裂纹
   C. 气孔　　　　　　　　　　　D. 夹渣

6. 钨极氩弧焊热影响区金属实际上经过了一次热处理过程，低碳钢和普通低合金钢，其焊接热影响区不包括_____。

   A. 过热区　　　　　　　　　　B. 退火区
   C. 正火区　　　　　　　　　　D. 不完全重结晶

7. 钨极氩弧焊正火区又称细晶区或相变重结晶区。该区在焊接加热时，加热温度范围对于低碳钢为_____℃。

A. 900~1 100　　　　　　　　　　B. 1 000~1 300
C. 900~1 500　　　　　　　　　　D. 727~927

8. 按我国现行规定，氩气的纯度应达到_____才能满足焊接的要求。
   A. 98.5%　　　　　　　　　　　B. 99.5%
   C. 99.95%　　　　　　　　　　 D. 99.99%

9. 低碳钢管板手工钨极氩弧焊焊接接头产生咬边的原因不正确的是_____。
   A. 电弧电压太低　　　　　　　B. 焊炬摆幅不均匀
   C. 焊接电流太大　　　　　　　D. 送丝太少，焊接速度太快

10. 低碳钢管板手工钨极氩弧焊焊接接头产生夹钨缺陷的预防措施不正确的是_____。
    A. 适当减少钨极伸出长度　　　B. 改善填丝手法
    C. 适当加大焊接电流　　　　　D. 增添引弧装置

11. 低碳钢管板手工钨极氩弧焊的焊接电流选择原则跟_____关系不大。
    A. 工件的材质　　　　　　　　B. 工件的形状
    C. 工件的厚度　　　　　　　　D. 接头的空间位置

12. 低碳钢管板手工钨极氩弧焊通常使用的喷嘴直径一般取_____mm为宜。
    A. 5~8　　　　　　　　　　　　B. 8~20
    C. 15~25　　　　　　　　　　　D. 25~30

13. 低碳钢管板手工钨极氩弧焊通常取喷嘴至焊件间的距离为_____mm。
    A. 7~15　　　　　　　　　　　 B. 10~15
    C. 5~10　　　　　　　　　　　 D. 10~20

14. 低碳钢管板手工钨极氩弧焊通常焊对接缝时，钨极伸出长度为_____mm较好。
    A. 3~4　　　　　　　　　　　　B. 4~5
    C. 5~6　　　　　　　　　　　　D. 6~7

15. 低碳钢管板手工钨极氩弧焊通常焊角焊缝时，钨极伸出长度为_____mm较好。
    A. 4~5　　　　　　　　　　　　B. 5~6
    C. 6~7　　　　　　　　　　　　D. 7~8

16. 管径 ϕ<60 mm 低碳钢管板垂直俯位手工钨极氩弧焊焊接时要注意观察熔池，保证熔孔的大小一致，防止管子烧穿，若发现熔孔变大，不可选用_____方法，使熔孔变小。
    A. 加大焊枪与孔板间的夹角
    B. 减小焊接速度
    C. 减少电弧在管子坡口侧的停留时间

D. 减小焊接电流

17. 管径 $\phi < 60$ mm 低碳钢管板垂直俯位手工钨极氩弧焊焊接时防止管子咬边，采取的措施不正确的是_____。

    A. 电弧可稍离开管壁   B. 从熔池前上方填加焊丝

    C. 使电弧更多的偏向管壁   D. 适当减小焊接电流

18. 管板垂直仰位的焊接要领是焊接电流可稍小些，焊接时速度稍快等，下面说法错误的是_____。

    A. 送丝频率加快   B. 加大送丝量

    C. 氩气流量适当减小   D. 尽量压低电弧

19. 氩气瓶的外表涂成_____。

    A. 白色   B. 银灰色

    C. 天蓝色   D. 铝白色

20. 管板垂直仰位焊接时，采用焊接技巧如左焊法，保证熔池两侧熔合好等，下面说法错误的是_____。

    A. 熔池要大   B. 电弧对准顶角

    C. 熔池要小   D. 压低电弧

21. 管板垂直仰位焊接时，当电弧熄灭，熔池凝固冷却到一定温度后，才能移开焊枪，以防收弧处_____。

    A. 焊缝出现气孔   B. 焊缝金属被氧化

    C. 焊缝出现凹坑   D. 焊缝出现裂纹

22. 骑座式管板焊接难度较大，下列说法中不正确的是_____。

    A. 单面焊双面成形   B. 焊缝正面均匀美观

    C. 焊脚尺寸对称   D. 坡口两侧导热情况相同

23. 管板水平固定全位置手工钨极氩弧焊的焊接要点要求必须同时掌握几个位置的焊接技术才能焊好试件，不包括_____位置。

    A. 平焊   B. 立焊

    C. 横焊   D. 仰焊

24. 手工钨极氩弧焊焊缝咬边标准规定，咬边深度不得超过_____mm，累计长度不大于焊缝长度的10%。

    A. 0.2   B. 0.3

    C. 0.4   D. 0.5

25. 手工钨极氩弧焊烧穿是一种不允许存在的焊接缺陷。产生烧穿的主要原因不包括

_____。

  A. 焊接电流过大   B. 焊接速度太快

  C. 装配间隙过大   D. 钝边太薄

26. 低合金钢管对接非熔化极气体保护焊试件坡口形式一般不包括_____。

  A. I 形   B. X 形

  C. V 形   D. U 形

27. V 形坡口主要应用于钨极氩弧焊或钨极氩弧焊封底加焊条电弧焊的焊接，选择试件的厚度一般为_____mm。

  A. 2～10   B. 2～20

  C. 3～15   D. 3～20

28. 钢管对接非熔化极气体保护焊的焊接，定位焊点固焊焊缝长度为_____mm。

  A. 5～15   B. 10～20

  C. 15～20   D. 20～25

29. _____具有微量的放射性。

  A. 纯钨极   B. 钍钨极

  C. 锂钨极   D. 锆钨极

30. 非熔化极气体保护焊管子对接，试件的定位焊在正面坡口内，不准在_____点钟位置定位焊。

  A. 3   B. 4

  C. 5   D. 6

31. 目前_____是一种理想的电极材料，是我国建议尽量采用的钨极。

  A. 纯钨极   B. 钍钨极

  C. 铈钨极   D. 锆钨极

32. 钨极氩弧焊时_____电极端面形状的效果最好，是目前经常采用的。

  A. 锥形平端   B. 平状

  C. 圆球状   D. 锥形尖端

33. 钨极氩弧焊电源的外特性是_____的。

  A. 陡降   B. 水平

  C. 缓降   D. 上升

34. WS-250 型焊机是_____焊机。

  A. 交流钨极氩弧焊   B. 直流钨极氩弧焊

  C. 交直流钨极氩弧焊   D. 熔化极氩弧焊

35. WSJ-300 型焊机是_____焊机。
   A. 交流钨极氩弧焊   B. 直流钨极氩弧焊
   C. 交直流钨极氩弧焊   D. 熔化极氩弧焊

36. 小直径管对接垂直固定手工钨极氩弧焊试件的焊接，盖面焊时，使熔池超出管子坡口棱边_____ mm 比较合适。
   A. 0.1~0.5   B. 0.5~1.0
   C. 0.5~1.5   D. 1.0~2.0

37. 小直径管对接垂直固定手工钨极氩弧焊试件的焊接，焊接电流过大会出现焊道表面平而宽、不包括产生_____焊接缺陷，因此，属于焊接操作禁忌。
   A. 咬边   B. 氧化
   C. 气孔   D. 烧穿

38. 钨极氩弧焊焊接不锈钢时应采用_____。
   A. 直流正接   B. 直流反接
   C. 交流电源   D. 任意

39. 小径管对接垂直固定手工钨极氩弧焊试件的焊接，焊接速度太慢会出现焊接缺陷。因此，属于焊接操作禁忌，其中不包括_____。
   A. 焊道过宽   B. 突瘤或烧穿
   C. 过高的余高   D. 焊波脱节

40. 钨极氩弧焊焊接铝及铝合金时应采用_____。
   A. 直流正接   B. 直流反接
   C. 交流电源   D. 任意

41. 钨极氩弧焊时，氩气流量（L/min）一般为喷嘴直径（mm）的_____倍。
   A. 0.5~0.8   B. 0.8~1.2
   C. 1.2~1.5   D. 1.5~2.0

42. 钨极氩弧焊时，易燃物品距离焊接场所不得小于_____ m。
   A. 5   B. 8
   C. 10   D. 15

43. 钨极氩弧焊时，易爆物品距离焊接场所不得小于_____ m。
   A. 5   B. 8
   C. 10   D. 15

44. 钨极直径太小、焊接电流太大时，容易产生_____焊接缺陷。
   A. 冷裂纹   B. 未焊透

C. 热裂纹　　　　　　　D. 夹钨

参 考 答 案

一、判断题

1. ×	2. ×	3. ×	4. √	5. ×	6. ×	7. √	8. ×	9. √
10. ×	11. √	12. ×	13. ×	14. ×	15. √	16. ×	17. √	18. √
19. √	20. ×	21. √	22. ×	23. √	24. √	25. √	26. ×	27. ×
28. √	29. ×	30. √	31. ×	32. √	33. √	34. √	35. ×	36. ×
37. √	38. √	39. √						

二、单项选择题

1. C	2. D	3. C	4. A	5. B	6. B	7. A	8. D	9. A
10. C	11. B	12. B	13. A	14. C	15. D	16. B	17. C	18. C
19. B	20. A	21. B	22. D	23. C	24. D	25. B	26. B	27. A
28. C	29. B	30. D	31. C	32. A	33. A	34. B	35. A	36. C
37. C	38. A	39. D	40. C	41. B	42. A	43. C	44. D	

第4章 埋 弧 焊

考 核 要 点

理论知识考核范围	考核要点	重要程度
埋弧焊相关知识	1. 低碳钢板或低合金钢板对接埋弧焊焊接参数对焊缝成形的影响	★★★
	2. 碳弧气刨清根的原理及应用范围	★★
	3. 埋弧焊焊缝的外观检查	★★
	4. 双丝埋弧焊焊接设备的组成及焊丝的排列方式及其对焊缝成形的影响	★★★
	5. 带极埋弧焊设备的组成及操作要点	★
埋弧焊操作	1. 厚度 $\delta=8\sim10$ mm 低碳钢板平位对接单面焊双面成形的焊接（背部加衬垫）	★
	2. 厚度 $\delta=8\sim14$ mm 低合金钢板的平位对接双面埋弧焊（背部加衬垫）	★★★
	3. 厚度 $\delta=20$ mm 低合金钢板的平位对接单面焊双面成形的双丝埋弧焊（背部加衬垫）	★★★

注：表中"重要程度"中，"★"为重要程度级别最低，"★★★"为重要程度级别最高。

重点复习提示

一、低碳钢板或低合金钢板对接埋弧焊焊接参数对焊缝成形的影响

1. 焊接电流

焊接电流增加，则焊缝厚度和余高都增加，焊缝宽度几乎保持不变。在一定焊速下，焊接电流过大会使热影响区过大，易产生焊瘤及烧穿等焊接缺陷。若电流过小，则熔深不足，产生熔合不好、未焊透、夹渣等焊接缺陷，使焊缝成形变差。

2. 电弧电压

焊接电弧电压增大，则焊缝宽度显著增加而焊缝厚度和余高将略有减少，焊接电弧电压过大时，焊剂熔化量增加，电弧不稳，严重时会产生咬边和气孔等焊接缺陷。

3. 焊接速度

焊接速度增加时，则焊缝厚度和焊缝宽度都大为下降。如焊接速度过快时，会产生咬边、未焊透、电弧偏吹和气孔等焊接缺陷，及焊缝余高大而窄；如焊速过慢，则焊缝余高过高，形成宽而浅的大熔池，焊缝表面粗糙，容易满溢，产生焊瘤或烧穿等缺陷；当焊接速度太慢而且焊接电弧电压又太高时，焊缝截面呈"蘑菇形"，容易产生裂纹。

4. 焊丝直径与伸出长度

焊接电流不变时，减小焊丝直径，因电流密度增加，熔深增大，焊缝成形系数减小。

5. 焊丝倾角

前倾时，焊缝平，熔深浅，后倾时，焊缝窄而高。

6. 焊件位置影响

上坡焊时，电弧能深入到熔池底部，使焊缝厚度和余高增加，宽度减小。下坡焊时正相反。

7. 装配间隙与坡口角度的影响

当焊件厚度为 10~24 mm 时，多为 Y 形坡口，厚度为 24~60 mm 时，可开 X 形坡口，对一些要求高的厚大焊件的重要焊缝，一般多开 U 形坡口。

8. 焊剂层厚度与粒度

焊剂层厚度增大时，熔宽减小，熔深略有增加，焊剂层太薄时，电弧保护不好，容易产生气孔或裂纹，焊剂层太厚时，焊缝变窄，成形系数减小。

二、双丝埋弧焊焊接设备的组成及焊丝的排列方式及其对焊缝成形的影响

1. 双丝埋弧焊焊接设备的组成

双丝埋弧焊焊接设备由 2 台埋弧焊电源（1 台直流、1 台交流或 2 台交流电源）、1 台双丝埋弧焊小车及控制、焊接电缆等组成。

2. 双丝埋弧焊焊丝的排列方式及其对焊缝成形的影响

多丝埋弧焊目前采用最多的是双丝焊，依焊丝的排列有纵列式、横列式和直列式三种。纵向排列的焊缝深而窄；横向排列的焊缝宽度大；直列式的焊缝熔合比小。

双丝焊用得较多的是纵列式，根据焊丝间的距离不同又可分成单熔池和双熔池（分列电弧）两种。单熔池两焊丝间距离为 10~30 mm，两个电弧形成共同的一个熔池和气泡，前导电弧保证熔深，后续电弧调节熔宽，使焊缝具有适当的熔池形状及焊缝成形系数，为此可大大提高焊接速度。同时，这种方法还因熔池体积大、存在时间长、冶金反应充分，因而对气孔敏感性小。分列电弧各电弧之间距离大于 100 mm，每个电弧具有各自的熔化空间，后续电弧作用在前导电弧已熔化而凝固的焊道上，适用于水平位置平板对接的单面焊双面成形

工艺。

三、厚度 $\delta=8\sim14$ mm 低合金钢板的平位对接双面埋弧焊（背部加衬垫）

1. 组装与点焊

始端装配间隙为 2 mm，终端为 3 mm。试件错边量应为≤1.0 mm。在试板两端焊引弧板与引出板，并作定位焊，它们的尺寸为 100 mm×100 mm×14 mm。

2. 焊接操作要点

将试件置于水平位置熔剂垫上，进行 2 层 2 道双面焊，先焊正面焊道，后焊背面焊道。正面焊道焊接时熔剂垫必须垫好，以防熔渣和熔池金属流失。所用焊剂必须与试件焊接用的相同，使用前必须烘干。焊接过程应随时观察控制盘上电流表和电压表指针、导电嘴的高低、导向针的位置和焊缝成形情况。为了保证焊缝有足够的厚度，又不被烧穿，要求正面焊缝的熔深达到试件厚度的 40%～50%。背面焊道焊接时采用碳弧气刨清根，将试件翻转进行反面焊缝焊接，为了保证焊透，焊缝厚度应达到焊件厚度的 60%～70%，反面焊缝焊接时，可采用较大的焊接电流，其目的是达到所需的焊缝厚度，同时起封底的作用。由于正面焊缝已经焊完，较大的焊接电流也不至于使试件烧穿。

四、厚度 $\delta=20$ mm 低合金钢板的平位对接单面焊双面成形的双丝埋弧焊（背部加衬垫）

1. 组装与点焊

试件错边量应为≤1.0 mm。在试板两端焊引弧板与引出板，并作定位焊，它们的尺寸为 180 mm×200 mm×20 mm。

2. 操作注意事项

（1）焊接参数。双丝埋弧焊选用的是纵列式双丝用的电源，应与 DC/AC 电源相匹配，采用直流反接即焊丝接正极。焊接参数：前丝焊接电流为：1 200 A、电压 30 V；后丝焊接电流为 950 A、电压 40 V；焊接速度为 620 mm/min。焊丝直径均为 5 mm。

（2）引弧。将焊接小车放在焊车导轨上，开亮焊接小车前端的照明指示灯，调节小车前后移动的把手，使导向针在指示灯照射下的影子对准基准线，打开焊剂漏斗阀门，待焊剂填满预焊部位后，即可开始引弧焊接。

（3）焊接时，应随时观察控制盘上的电流表和电压表的指针、导电嘴的高低、导向针的位置和焊缝成形情况。如果电流表和电压表的指针摆动很小，表明焊接过程很稳定。如发现指针摆动幅度大，焊缝成形恶化，可随时调整控制盘上各个旋钮。当发现导向针偏离基准线时，可调节小车前后移动的手轮，调节时操作者所站位置要与基准线对正，以防更偏。

(4) 收弧。前丝先停弧,后丝在填满弧坑后熄灭电弧,结束焊接。

辅导练习题

一、**判断题**(下列判断正确的请在括号中打"√",错误的请在括号内打"×")

1. 埋弧焊焊接过程中电弧不外露,埋弧焊由此得名。（　）
2. 埋弧焊的焊接参数不包括焊件位置。（　）
3. 埋弧焊时,其他参数不变时,增加焊接电流,焊缝的厚度和余高都减小。（　）
4. 埋弧焊时,电弧电压过大时,焊剂熔化量增加,电弧不稳,会产生咬边和气孔。（　）
5. 埋弧焊时,焊丝直径与焊接电流没有关系。（　）
6. 埋弧焊可使用较大电流焊接,电弧具有较强穿透力,所以当焊件厚度不太大时,一般不开坡口也能将焊件焊透。（　）
7. 埋弧焊通常用开坡口的方法来控制焊缝的余高和熔合比。（　）
8. 当埋弧焊机发生电器部分故障时,应立即切断电源,焊工应及时修理。（　）
9. 碳弧气刨可以挑焊根,也可以加工焊接坡口。（　）
10. 碳弧气刨使用的压缩空气,不可以由空气压缩机提供。（　）
11. 在衬垫上进行的埋弧焊,对接接头处不必留有一定宽度的间隙。（　）
12. 无间隙的无衬垫双面埋弧自动焊时对接接头装配间隙应大于1 mm。（　）
13. 埋弧自动焊用于焊接厚板,它的焊接线能量远大于氩弧焊和焊条电弧焊。（　）
14. 埋弧焊的焊缝及热影响区表面不允许有气孔、未熔合、夹渣、弧坑和裂纹等。（　）
15. 板厚大于30 mm 的16Mn 钢埋弧焊时,预热温度为150～200℃。（　）
16. 为了避免焊接热影响区韧性恶化,不推荐大电流、粗丝、多丝埋弧焊工艺。（　）
17. 埋弧焊焊剂按碱度大小分为酸性、中性和碱性。（　）
18. 埋弧自动焊机应选定焊车行走速度略大于筒体运行速度。（　）
19. 埋弧焊采用恒压或缓降特性电源时,必须配等速送丝系统。（　）
20. 埋弧焊时依靠任何一种焊剂都能向焊缝大量添加合金元素。（　）
21. 焊剂粒度的选择重要依据是焊接参数,一般大电流焊接时,应选用粗粒度颗粒;小电流时,选用细粒度颗粒。（　）
22. 焊剂回收后,只要随时添加新焊剂并充分拌匀就可以重新使用。（　）
23. 埋弧焊坡口形式与焊条电弧焊基本相同,但采用较厚的钝边。（　）

24. 多丝埋弧自动焊是指用两根以上焊丝同时进行埋弧自动焊的方法。（ ）
25. 双丝埋弧自动焊时，前丝接直流电源；后丝接交流电源。（ ）
26. 双丝埋弧焊焊接设备由两台埋弧焊电源、一台双丝埋弧焊小车及控制、焊接电缆等组成。（ ）
27. 双丝埋弧焊产生咬边的原因是焊接电流过小、运条速度快等。（ ）
28. 带极埋弧焊的电压决定于带极的材料和电流。（ ）
29. 不锈钢带极埋弧焊产生夹渣的原因主要是焊接电流太小，或焊接速度过快。（ ）
30. 不锈钢带极埋弧焊防止产生咬边的办法是焊接时，调整好附加磁场的强度和方向。
（ ）

二、单项选择题（下列每题有 4 个选项，其中只有 1 个是正确的，请将其代号填写在横线空白处）

1. HJ431 埋弧焊焊剂是_____型焊剂。
   A. 低锰低硅低氟　　　　　　B. 中锰低硅低氟
   C. 中锰中硅中氟　　　　　　D. 高锰高硅低氟

2. 在焊剂的型号中，第一个字母为_____焊剂。
   A. "E"　　　　　　　　　　B. "F"
   C. "SJ"　　　　　　　　　　D. "HJ"

3. 埋弧焊过程中，焊接电弧稳定燃烧时，焊丝的送进速度_____焊丝的熔化速度。
   A. 等于　　　　　　　　　　B. 大于
   C. 小于　　　　　　　　　　D. 任意

4. 埋弧自动焊中，使_____随着弧长的波动而变化，保持弧长不变的方法称为电弧电压均匀调节。
   A. 焊接速度　　　　　　　　B. 焊丝熔化速度
   C. 焊丝送进速度　　　　　　D. 弧长调节速度

5. 埋弧焊收弧的顺序应当是_____。
   A. 先停焊接小车，同时停止送丝，然后切断电源
   B. 先停止送丝，然后切断电源，再停止焊接小车
   C. 先切断电源，然后停止送丝，再停止焊接小车
   D. 先停止送丝，然后停止焊接小车，同时切断电源

6. 埋弧焊的负载持续率通常为_____。
   A. 50%　　　　　　　　　　B. 60%
   C. 80%　　　　　　　　　　D. 100%

7. 埋弧自动焊采用高锰高硅焊剂配合低碳钢焊丝焊接时，主要以_____方式进行合金化。
   A. 应用合金焊丝　　　　　　　　B. 应用药芯焊丝
   C. 应用带极　　　　　　　　　　D. 应用熔炼焊剂

8. 按送丝方式不同，埋弧焊机可分为_____两种。
   A. 通用和专用　　　　　　　　　B. 单丝和多丝
   C. 丝极和带极　　　　　　　　　D. 等速送丝和变速送丝

9. 可适用于大型工字梁、化工容器、锅炉锅筒等圆筒、圆球形结构上的纵缝和环缝焊接的是_____式埋弧焊机。
   A. 小车　　　　　　　　　　　　B. 门架
   C. 悬臂　　　　　　　　　　　　D. 悬挂

10. 国产埋弧焊机中，采用变速送丝方式的是_____。
    A. MZ-1000　　　　　　　　　　B. MZ1-1000
    C. MZ3-1000　　　　　　　　　 D. MZ2-1000

11. 变速送丝式埋弧焊自动焊机的自动调节原理，主要是引入_____的反馈。
    A. 焊接电流　　　　　　　　　　B. 电弧电压
    C. 送丝速度　　　　　　　　　　D. 焊接速度

12. 等速送丝式埋弧自动焊机的焊接电源，要求具有_____的电源外特性。
    A. 上升　　　　　　　　　　　　B. 陡降
    C. 缓降　　　　　　　　　　　　D. 水平

13. 等速送丝式埋弧焊机适合于_____密度情况。
    A. 细焊丝、高电流　　　　　　　B. 细焊丝、低电流
    C. 粗焊丝、低电流　　　　　　　D. 粗焊丝、高电流

14. 埋弧自动焊时，从提高生产率的角度考虑的是焊接_____。
    A. 线能量越大，生产率越低　　　B. 线能量越大，生产率越高
    C. 线能量不影响焊接效率　　　　D. 速度越快，生产率越高

15. 埋弧焊时，熔池处于_____位置冷凝结晶时，焊缝成形最佳。
    A. 水平　　　　　　　　　　　　B. 横焊
    C. 上坡　　　　　　　　　　　　D. 下坡

16. 埋弧焊时，可以焊接内外环缝和内外纵缝的操作机是_____式操作机。
    A. 伸缩臂　　　　　　　　　　　B. 平台
    C. 龙门　　　　　　　　　　　　D. 立

17. 厚板的多层环缝埋弧焊时，若筒体转速不变，当焊接外环焊缝时_____。
   A. 向外层焊接，焊速越小   B. 向外层焊接，焊速越大
   C. 向内层焊接，焊速越大   D. 焊速不变

18. 埋弧自动焊平角焊的特点不包括_____。
   A. 不易烧穿   B. 一层焊缝的焊角小
   C. 可用大电流、生产率高   D. 易产生咬边缺陷

19. 埋弧自动焊机船形角焊的特点不包括_____。
   A. 熔池水平   B. 焊缝成形好
   C. 可用大电流、生产率高   D. 易产生咬边缺陷

20. 低碳钢埋弧焊时，当含碳量大于 0.20%，硫含量大于_____，板厚大于 16 mm 时，采用不开坡口对接，焊缝中心可能产生热裂纹。
   A. 0.01%   B. 0.015%
   C. 0.02%   D. 0.03%

21. 埋弧焊焊接低碳钢时，采用大的线能量焊接，会使_____中的过热区晶粒粗大，韧性下降。
   A. 热影响区   B. 焊缝区
   C. 熔合区   D. 细晶区

22. 中碳钢埋弧焊时，埋弧焊焊丝的含碳量小于母材中碳钢的含碳量，这样有利于防止_____。
   A. 冷裂纹   B. 热裂纹
   C. 气孔   D. 夹渣

23. 低合金结构钢埋弧焊选用焊丝主要根据_____选用与母材相匹配的焊丝。
   A. 硬度   B. 厚度
   C. 强度   D. 韧性

24. 低合金钢埋弧焊使用的焊接电流较大，熔深较深，通常板厚_____以下不开坡口，进行双面焊接。
   A. 12 mm   B. 14 mm
   C. 16 mm   D. 18 mm

25. 低合金耐热钢埋弧焊的焊丝，其_____的含量应该和母材钢种的量基本接近。
   A. C、Cr   B. Cr、Mo
   C. C、Mo   D. Mo、V

26. 低合金耐热钢埋弧焊焊丝中的含碳量应控制在_____范围内。

A. 0.02%～0.04% B. 0.04%～0.08%
C. 0.08%～0.16% D. 0.16%～0.32%

27. 低合金结构钢埋弧焊前，必须烘干焊剂，熔炼焊剂的烘干温度为_____℃，保温2h。

A. 100～250 B. 250～400
C. 450～600 D. 500～650

28. 低合金耐热钢12Cr1MoV埋弧焊选用的焊丝为_____。

A. H08MnMoA B. H10CrMoA
C. H08CrMoVA D. H13CrMoA

29. 低温钢埋弧焊时，通常采用小的焊接参数，焊接电流不大于_____A，焊接线能量不大于25kJ/cm。

A. 400 B. 500
C. 600 D. 700

30. 低温钢埋弧焊必须采用小线能量，这样才可以避免热影响区扩大和过热区晶粒粗大，防止焊接接头_____下降。

A. 硬度 B. 强度
C. 低温韧性 D. 刚度

31. 对于低合金无镍低温钢的埋弧焊不预热，只有在板厚大于_____mm或焊接接头的刚性拘束较大时，才考虑预热至100～150℃。

A. 12 B. 16
C. 18 D. 25

32. 对于奥氏体不锈钢来说，不应该预热，即使是厚板也不需要预热，并要控制层间温度，不能超过_____℃。

A. 100 B. 150
C. 200 D. 250

33. 异种钢埋弧焊的焊接质量，在很大程度上取决于_____。

A. 所用的焊接参数 B. 所用的坡口形式
C. 预热和焊后热处理温度 D. 所选用的焊丝和焊剂

34. 低碳钢和低合金结构钢埋弧焊时，应该按照_____焊接线能量的要求来选定焊接参数。

A. 低碳钢 B. 低合金钢
C. 低碳钢或低合金钢 D. 低碳钢和低合金钢

35. 奥氏体不锈钢埋弧焊应使用较碳钢小_____的焊接电流，并配以较高的焊接速度，实现较小能量的焊接。

  A. 10%～15%　　　　　　　　B. 20%～25%

  C. 20%～30%　　　　　　　　D. 30%～35%

36. 奥氏体不锈钢埋弧焊选用焊丝时，首先考虑焊丝成分和母材成分接近，由于焊接过程中要烧损，焊丝中含_____量应多于母材。

  A. 锰　　　　　　　　　　　　B. 钒

  C. 钼　　　　　　　　　　　　D. 铬

参 考 答 案

一、判断题

1. √	2. ×	3. ×	4. √	5. ×	6. √	7. √	8. √	9. √
10. ×	11. ×	12. ×	13. √	14. √	15. ×	16. ×	17. √	18. ×
19. √	20. ×	21. ×	22. ×	23. √	24. √	25. √	26. √	27. ×
28. ×	29. √	30. √						

二、单项选择题

1. D	2. B	3. A	4. C	5. A	6. D	7. D	8. D	9. C
10. A	11. B	12. C	13. A	14. B	15. C	16. A	17. B	18. C
19. D	20. D	21. A	22. B	23. C	24. B	25. B	26. C	27. B
28. C	29. C	30. C	31. D	32. B	33. D	34. C	35. B	36. D

第5章 气　　焊

考 核 要 点

理论知识考核范围	考核要点	重要程度
气焊相关知识	1. 根据低碳钢材质选择气焊火焰的原则	★★★
	2. 气焊材料、气焊火焰及主要焊接参数	★★
	3. 管径 $\phi<60$ mm 低碳钢管全位置气焊操作要领	★★★
	4. 钎焊参数对小径低碳钢钢管焊缝外观质量的影响	★★
管径 $\phi<60$ mm 低碳钢管的对接水平固定和45°固定气焊	1. 管径 $\phi<60$ mm 低碳钢管的对接水平固定气焊	★★
	2. 管径 $\phi<60$ mm 低碳钢管45°固定气焊操作要领	★★★
管径 $\phi<60$ mm 低合金钢管的对接水平固定	1. 低合金钢的种类	★
	2. 普通低合金高强度结构钢的焊接性	★★★
	3. 管径 $\phi<60$ mm 的 Q345 钢管水平固定气焊	★★
铝管搭接接头的手工火焰钎焊	1. 铝及铝合金手工火焰钎焊的特点、焊件清洗的目的和方法	★★
	2. 铝钎料及钎剂、铝及铝合金接头设计及间隙	★
	3. 铝及铝合金钎焊操作要领	★★★
	4. 铝及铝合金火焰钎焊钎缝外观质量的检验方法	★★★

注：表中"重要程度"中，"★"为重要程度级别最低，"★★★"为重要程度级别最高。

重点复习提示

一、根据低碳钢材质选择气焊火焰的原则

含碳量低于 0.25% 的钢称为低碳钢，因含碳量低，焊接性好，通常不需采用特殊工艺措施，便可获得优质焊接接头。低碳钢薄板常用气焊来焊接，其中以 1~3 mm 应用最多。对于一般结构，可采用 H08、H08A 焊丝；对于重要结构可采用 H08MnA、H15Mn 焊丝。焊丝直径可按板厚进行选择，一般情况下不用焊剂。焊接时采用中性焰，乙炔消耗量可根据焊件厚度 δ，按公式 $Q=(100\sim120)\delta$（L/h）进行计算。根据金属材料成分的不同，焊接时所选用的火焰也有差别，低碳钢气焊时所采用的火焰应为中性焰或乙炔稍多的中性焰。

二、管径 $\phi<60$ mm 低碳钢管全位置气焊操作要领

1. 穿孔焊法

"穿孔焊法"就是在焊接过程中使金属熔池的前端始终保持一个小熔孔的焊接方法。

（1）根据管壁的厚度，选择好焊炬的型号、焊嘴的号码、焊丝的牌号和直径。

（2）将气焊火焰调至中性焰，并在施焊位置加热起焊点，直至在熔池的前沿形成和装配间隙相当的小熔孔后方可施焊。

（3）施焊过程中要使小熔孔不断前移，同时要不断地向熔池中添加焊丝，以形成焊缝。

（4）焰芯端部到熔池的间距一般应保持 4~5 mm。间距过大会使火焰的穿透能力减弱，不易形成小熔孔；间距过小，火焰焰心易触及金属熔池，使焊缝产生夹渣、气孔等焊接缺陷。

（5）在保证焊透的前提下，焊接速度应适当地加快。

（6）焊嘴一般要做圆圈形运动，这样一方面可以搅拌熔池金属，有利于杂质和气体的逸出，从而避免夹渣和气孔等焊接缺陷的产生；另一方面也可以调节并保持熔孔的直径。

（7）中途停止焊接后，若需要再继续施焊时，必须将前一焊缝的熔坑熔透，然后再用"穿孔焊法"向前施焊。

（8）收尾时，可稍稍抬起焊炬，用外焰保护熔池，同时不断地添加焊丝，直至收尾处的熔池填满后，方可撤离焊炬。

2. 非穿孔焊法

（1）将气焊火焰调至中性焰后，使焊嘴的中心线与钢管焊接处的切线方向成 45°左右的倾斜角如下图所示，并加热起焊点。

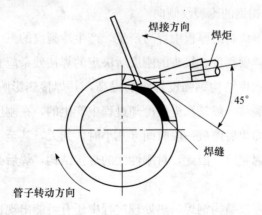

（2）当坡口钝边熔化并形成熔池后，应立即向熔池中填加焊丝。

(3) 焊接过程中,焊嘴要始终不断地做圆圈形运动,焊丝要一直处于熔池的前沿,但不要挡住火焰,以免产生未焊透,同时要不断地向熔池中填加焊丝。

(4) 收尾时,应在钢管环焊缝接头处重新熔化后,方可使火焰慢慢地离开熔池。

三、管径 $\phi<60$ mm 低碳钢管 45°固定气焊操作要领

1. 打底焊

由于铁液重力的作用,焊接时需特别注意铁液的下淌,焊丝、火焰应偏向高的一端。焊接过程中应严格控制熔池温度,既要保证焊缝背面成形符合要求,又要防止因焊缝温度过高而产生铁液下淌。为了便于接头和左焊法焊接,用右焊法焊接前半圆时,应在管子中心线的另一侧下坡焊处起焊,向下焊接并绕过管子中心线焊完前半圆。

2. 全位置焊

45°固定管的焊缝呈环形,是全位置焊缝,焊接过程中要将焊丝、焊嘴绕着管子进行旋转。焊丝与焊嘴的夹角应随焊缝位置及时调整,以便焊缝成形良好。

3. 45°固定管的填充焊和盖面焊

如采用一道焊焊接时,应使熔池与水平线平行,焊缝宽度相对增加,焊嘴、焊丝应做相应摆动。由于45°固定管焊缝宽度比横焊和立焊要宽,填充焊和盖面焊最好采用多道焊。

四、普通低合金高强度结构钢的焊接性

1. 低合金高强度结构钢热影响区的淬硬倾向

普通低合金高强度结构钢的热影响区有较大的淬硬倾向,并且随着屈服强度等级的提高,热影响区的淬硬倾向也显著增加。但是对于强度等级较低而且碳含量较少的一些低合金结构钢,如09Mn2、09Mn2Si及09MnV等,其热影响区的淬硬倾向并不大。

2. 低合金高强度结构钢的冷裂纹倾向

冷裂纹主要在强度等级高的厚板中容易产生。产生冷裂纹的三个因素是焊缝及热影响区的含氢量、热影响区的淬硬程度、接头的刚度所决定的焊接残余应力。

一般随着低合金高强度结构钢强度等级的提高,其焊接热影响区的冷裂倾向显著增大(尤其是在厚板中)。冷裂纹一般是在焊后冷却过程中产生的,在刚度较大的焊接接头中,这种裂纹还具有延迟性,即焊后停放一段时间(几小时、几天,甚至十几天)才出现,所以这种焊接冷裂纹又称为延迟裂纹。因此,对刚性大的焊接结构,焊后必须及时进行消除应力的处理。

此外,在低合金高强度结构钢焊后热处理过程中还有可能出现再热裂纹,在焊接时应尽量采用强度较低的焊接材料,使得焊后热处理过程中产生的变形集中在焊缝金属处,以避免

因热影响导致开裂。再者，对于大厚度轧制普通低合金钢钢板的焊接，在三通管接头及丁字接头的角焊缝处的热影响区有可能产生与钢板表面平行的裂纹，称为层状撕裂。

五、铝及铝合金钎焊操作要领

1. 铝及铝合金软钎焊操作

通常多采用汽油、酒精喷灯火焰加热。当采用有机钎剂时，加热温度若过高（大于275℃），由于钎剂组分三乙醇胺的极迅速碳化致使钎剂丧失活性。同时，如果火焰直接加热有机钎剂也会使钎剂碳化，妨碍钎料的铺展，由于用有机钎剂钎焊时反应缓慢，故适用边加热边加钎料的操作方法；有时钎剂产生过多的泡沫，可用钎料棒拨开，这有利于钎料流入接头的间隙。

采用反应钎剂时，由于钎剂具有一定的反应温度范围（通常为300~350℃），如果母材加热温度低于反应温度，尽管钎剂已熔化，但还未与母材发生反应，故不能使钎料铺展。如果母材加热温度超过反应温度范围，反应极其迅速，使得钎料来不及流入间隙。反应钎剂在钎焊时产生大量的三氯化铝气体及沉淀出大量的重金属，只留下很少的钎剂在钎缝上形成覆盖保护，所以当母材达到反应温度时再用手工加入钎料，有时是来不及的，因此钎料可与钎剂一起预先放置在接头上，并且操作时要准确控制温度。

2. 铝及铝合金刮擦钎焊操作

刮擦钎焊是铝合金的一种特殊的软钎焊方法。它不需用钎剂，母材表面的氧化膜是靠钎料的刮擦作用而除去的。

钎焊时可先将工件加热到400℃左右（热源可用喷灯、氧乙炔火焰等），随后用钎料（如HL501等）的端部在接头处反复进行刮擦，以破坏表面氧化膜。同时，由于已被加热的母材的热作用使钎料熔化铺展。不能用火焰直接加热钎料，否则会使钎料过早软化而失去刮擦作用。也可采用刮擦工具（如钢丝刷、烙铁头等）帮助进行刮擦。对于搭接接头则要把钎焊的两个零件分别加热，并用刮擦法分别涂上钎料，然后将两个零件搭在一起，再用火焰加热，使钎料熔化，并相互摩擦达均匀接触，待冷却后即形成牢固接头。

3. 铝及铝合金硬钎料钎焊操作

可以使用所有类型的空气－可燃气体或氧气－可燃气体的焊炬。操作方法通常有两种：一种是用火焰加热钎料的末端，用已被加热的钎料末端沾上干粉状的钎剂，接着加热母材，并将钎料棒置于接头附近试验温度，若母材已达到钎焊温度则钎剂与母材接触后立即熔化并铺展在钎焊面上，去除氧化膜，这时熔化的钎料便很好地润湿母材，流入间隙形成牢固的钎焊接头。如果熔化的钎料发黏而不湿润母材，则说明母材加热温度还不够。另一种方法是将钎剂用水或酒精混合，在工件和钎料上用刷子刷上、浸沾上或喷涂上钎剂，然后用火焰加热工件，将钎剂的水分蒸发并待钎剂溶化后，将钎料迅速加入加热的接头间隙中，形成钎焊接头。

六、铝及铝合金火焰钎焊钎缝外观质量的检验方法

1. 钎焊缺陷的判断

（1）钎缝未填满。钎缝未填满是指钎焊接头的间隙部分没有被钎料填满。

（2）钎缝成形不良。钎缝成形不良是指钎料只在一面填满间隙，没有形成圆角，钎缝表面粗糙不平。

（3）气孔。气孔是指存在于钎缝表面或内部的孔穴。

（4）夹杂物。夹杂物是指残留在钎缝中的污物。

（5）表面侵蚀。表面侵蚀是指钎焊金属表面被钎料侵蚀。

（6）裂纹。裂纹是指存在于钎缝金属中的缝隙。

2. 无损检验

钎焊后对接头外观质量进行检查之前，必须将钎缝处的残留焊剂去除干净，这不仅可以避免焊件被腐蚀，而且便于对缺陷进行判断。检查时，一般用目视或5～10倍放大镜观察钎缝处外形是否光滑，是否存在钎缝未填满、气孔、夹杂物及裂纹等焊接缺陷。

辅导练习题

一、判断题（下列判断正确的请在括号中打"√"，错误的请在括号内打"×"）

1. 气焊16Mn钢时，为避免合金元素的烧损，应采用弱氧化焰。（ ）

2. 16Mn钢气焊结束后，应立即用火焰将接头处加热至暗红色，然后缓慢冷却，以减小焊接应力，并促进有害气体的扩散，提高接头的性能。（ ）

3. 氧气瓶内氧气的储量主要是依据氧气瓶的容积和气压的大小来计算的。（ ）

4. 钎焊时，接头组对间隙过大有利于毛细作用。（ ）

5. 钎焊时的预热温度一般以高出钎料熔点30～40℃为宜。（ ）

6. 咬边、焊瘤、凹坑、未焊透是内部缺陷。（ ）

7. 气焊时，氧与乙炔比增加，则焊缝中的含氮量减少。（ ）

8. 焊接铝合金时，若焊接发生中断，应在焊缝接头处重叠5 mm起焊，以保证焊透。（ ）

9. 焊接铝合金时，由于合金元素的易蒸发，所以接头强度一般小于母材强度。（ ）

10. 选用焊丝不必保证焊接质量。（ ）

11. 在垂直固定管的焊接过程中，随着焊缝位置的变化，焊嘴和焊丝夹角应不断变化。
（   ）
12. 钎焊厚度不同的铝合金时，火焰应面向较厚的工件。（   ）
13. 氧气瓶可不做技术检验，超期未检验的气瓶仍可继续使用。（   ）
14. 乙炔瓶不得遭受剧烈震动和撞击，以免填料下沉形成净空间。（   ）
15. 一般来说，低碳钢气焊时不适用气焊熔剂。（   ）
16. 为防止热裂纹的产生，应尽量提高焊缝中的含碳量。（   ）
17. 焊缝中如有气孔，会使焊缝的机械性能下降。（   ）
18. 右焊法与左焊法相比其焊缝金属更容易被氧化。（   ）
19. 气焊时扩散主要发生在熔池尚未凝固时。（   ）
20. 在水平固定管的焊接中，随着焊缝空间位置的变化，焊嘴与焊丝夹角也在不断变化。（   ）
21. 采用中性焰焊接金属及其合金时，大多数用外焰。（   ）
22. 焊接 5mm 以下厚度的薄板和熔点低的金属宜采用左焊法。（   ）
23. 对板材进行横焊时，焊缝下侧易形成咬边。（   ）
24. 对板材进行立焊时，应采用从上向下的焊接方法。（   ）
25. 当焊接管壁较厚、直径较大（直径大于 200 mm）的转动管时，为防止变形，应采用对称施焊法。（   ）
26. 由于中碳钢的熔点比低碳钢低，所以焊接中碳钢时选用的火焰能量要比焊接低碳钢时大 10%～15%。（   ）
27. 气焊 16Mn 钢时，为了避免产生气孔和夹渣，要求施焊时火焰一直笼罩熔池不做横向摆动，并避免中间停顿，收尾时火焰要缓慢离开熔池。（   ）
28. 铝及铝合金焊前必须仔细清理焊件表面的原因是为了防止热裂纹。（   ）
29. 碳化焰可用于焊接高碳钢、中合金钢、高合金钢、铸铁、铝及铝合金等材料。
（   ）
30. 管子的气焊，一般管径小于 70 mm 时，采取两点定位即可。（   ）

二、单项选择题（下列每题有 4 个选项，其中只有 1 个是正确的，请将其代号填写在横线空白处）

1. 钢碳当量值越大，其_____敏感性越大。
　　A. 热裂纹　　　　　　　　　　B. 冷裂纹
　　C. 抗气孔　　　　　　　　　　D. 层状撕裂

2. 气焊低碳钢时，采用 H08Mn2Si 焊丝与采用 H08A 焊丝相比，产生一氧化碳气孔的可能性_____。

  A. 大   B. 小

  C. 相等   D. 不确定

3. 母材受潮，焊接时最易产生_____气孔。

  A. 氢   B. 氮

  C. 一氧化碳   D. 氢或氮

4. 16Mn 钢是一种_____。

  A. 碳素钢   B. 普通低合金钢

  C. 高合金钢   D. 中合金钢

5. 气焊 16Mn 钢，为了避免合金元素的烧损，应采用_____。

  A. 中性焰或轻微碳化焰   B. 强碳化焰

  C. 中性焰的焰心   D. 弱氧化焰的焰心

6. 铝合金气焊应尽量采用_____接头。

  A. 搭接   B. 对接

  C. T 形   D. 套接

7. 垂直固定管子气焊焊缝是_____。

  A. 平焊缝   B. 立焊缝

  C. 全位置焊缝   D. 横焊缝

8. 低合金钢管垂直固定平位焊时，最好采用_____。

  A. 左焊法、中性焰   B. 左焊法、氧化焰

  C. 右焊法、中性焰   D. 右焊法、碳化焰

9. 骑座式管（板）垂直固定焊的焊缝是_____。

  A. 立向上的   B. 立向下的

  C. 横向的   D. 不确定

10. 焊接水平转动管子时，第一层_____。

  A. 必须采用穿孔焊法   B. 必须采用非穿孔焊法

  C. 采用穿孔焊法或非穿孔焊法   D. 必须焊填满

11. 气焊时要根据焊接_____来选择焊接火焰的类型。

  A. 焊丝材料   B. 母材材料

  C. 焊剂材料   D. 气体材料

12. 低合金高强钢的特点是_____。

  A. 强度高，塑性差   B. 强度低，塑性和韧性好

C. 强度高，塑性和韧性好　　　　　　D. 强度低，塑性和韧性差

13. 不能有效地防止低合金钢焊接时产生热裂纹的措施是_____。
    A. 选择适当的焊丝　　　　　　　　B. 厚大件采用多道焊
    C. 选择合理的装焊顺序和方向　　　D. 加快焊接速度

14. 16Mn 钢与 15MnV 钢的共同点不包括_____。
    A. 都为低合金高强钢　　　　　　　B. 最低屈服强度≥390MPa
    C. 都含有 Mn 元素　　　　　　　　D. 最低屈服强度≥345MPa

15. 焊接低合金钢时，为防止气孔的产生，应将焊件待焊处_____mm 范围内的杂物清除干净。
    A. 5～10　　　　　　　　　　　　　B. 8～10
    C. 20～30　　　　　　　　　　　　 D. 30～50

16. 发生烧穿的原因可能是_____。
    A. 气焊火焰太小　　　　　　　　　B. 气焊速度过快
    C. 气焊速度过慢　　　　　　　　　D. 焊接电流太小

17. 预防咬边应采取_____措施。
    A. 正确选择火焰能率　　　　　　　B. 选择较大的火焰能率
    C. 操作时焊丝尽量不摆动　　　　　D. 缓慢移动热源

18. 为了防止裂纹的产生，应当_____。
    A. 增加焊丝的含碳量　　　　　　　B. 焊前预热，焊后缓冷
    C. 增加焊丝中 S、P 含量　　　　　 D. 不烘干焊剂

19. 焊接铝合金时_____。
    A. 厚大件焊前不预热　　　　　　　B. 采用中性焰和轻微碳化焰
    C. 焊件需定位　　　　　　　　　　D. 焊接不能中断

20. 铝及铝合金采用铝基钎料或锡锌钎料时，接头间隙一般以_____mm 为宜。
    A. 0.1～0.3　　　　　　　　　　　 B. 0.2～0.5
    C. 0.5～0.8　　　　　　　　　　　 D. 0.8～1

21. 铝及铝合金焊前必须预热，预热火焰应选用_____。
    A. 碳化焰　　　　　　　　　　　　B. 中性焰
    C. 氧化焰　　　　　　　　　　　　D. 轻微碳化焰

22. 铝气焊熔剂的牌号是_____。
    A. CJ101　　　　　　　　　　　　 B. CJ201
    C. CJ301　　　　　　　　　　　　 D. CJ401

23. 铜气焊用熔剂的牌号是_____。
    A. CJ101   B. CJ201
    C. CJ301   D. CJ401

24. 铸铁气焊用熔剂的牌号是_____。
    A. CJ101   B. CJ201
    C. CJ301   D. CJ401

25. 下列牌号中_____是纯铝。
    A. L1   B. LF6
    C. LD2   D. LY3

26. 在气焊冶金过程中，_____是物理冶金过程。
    A. 氧化反应   B. 还原反应
    C. 飞溅   D. 碳化

27. 钎焊铝合金时，预热温度一般为_____。
    A. 200℃   B. 300℃
    C. 450℃   D. 550℃

28. 铝用软钎剂按照去除氧化膜的方式可分为_____。
    A. 有机钎剂和无机钎剂   B. 有机钎剂和反应钎剂
    C. 反应钎剂和无机钎剂   D. 非反应钎剂和反应钎剂

29. 钎焊过程中，裂纹的产生原因是_____。
    A. 冷却时零件移动   B. 钎料结晶间隔大
    C. 热膨胀系数的差别   D. 钎剂数量不足

30. 铝及铝合金的钎焊可将钎料用_____调成膏状使用。
    A. 油   B. 碱
    C. 酸   D. 水

31. 对异种金属进行火焰钎焊时应将钎焊的火焰偏向_____的零件。
    A. 强度高   B. 韧性高
    C. 热导率大   D. 塑性高

32. 钎焊铜合金时，涂抹钎剂后，若有地方发黑，则说明_____。
    A. 钎剂失效   B. 加热温度低
    C. 氧化皮没有清除   D. 钎剂太多

33. 氧气和乙炔的混合比大于1.2时，其火焰为_____。
    A. 碳化焰   B. 中性焰

C. 氧化焰　　　　　　　　　　D. 混合焰

34. 火焰能率太大，熔池温度太高时，容易产生_____缺陷。
   A. 过热和过烧　　　　　　　B. 未熔合
   C. 未焊透　　　　　　　　　D. 裂纹

35. 硬钎焊过程中，钎料的液相线温度高于_____℃。
   A. 150　　　　　　　　　　　B. 250
   C. 350　　　　　　　　　　　D. 450

36. 低合金钢是指合金元素含量小于_____的合金结构钢。
   A. 5%　　　　　　　　　　　B. 8%
   C. 2%　　　　　　　　　　　D. 3%

37. 铝合金的焊前准备工作包括_____。
   A. 采用搭接接头　　　　　　B. 不清洗
   C. 选用熔剂301　　　　　　 D. 焊前清理焊丝和工件表面

38. 乙炔站内气瓶数量应根据_____来确定。
   A. 使用高峰　　　　　　　　B. 使用平均值
   C. 每天平均用量　　　　　　D. 每周平均用量

参考答案

一、判断题

1. ×	2. √	3. √	4. ×	5. √	6. ×	7. ×	8. ×	9. √
10. ×	11. ×	12. √	13. ×	14. √	15. √	16. ×	17. √	18. ×
19. √	20. ×	21. ×	22. √	23. ×	24. ×	25. √	26. ×	27. √
28. ×	29. √	30. √						

二、单项选择题

1. B	2. B	3. A	4. B	5. A	6. B	7. D	8. A	9. D
10. C	11. B	12. C	13. D	14. B	15. C	16. C	17. A	18. B
19. B	20. A	21. A	22. D	23. C	24. B	25. A	26. C	27. C
28. B	29. D	30. D	31. C	32. C	33. C	34. A	35. A	36. A
37. D	38. A							

第6章 切　　割

考 核 要 点

理论知识考核范围	考核要点	重要程度
不锈钢的空气等离子弧切割	1. 等离子弧的基本类型	★
	2. 等离子弧切割的基本原理及特点	★★★
	3. 等离子弧切割的工艺参数	★★★
	4. 提高切割质量的途径	★★★
	5. 不锈钢板的空气等离子弧切割操作技能	★★
激光切割	1. 激光切割的分类及特点	★★★
	2. 激光切割设备的组成	★★
	3. 激光切割的工艺参数	★★
	4. 激光切割的操作要点	★★★
厚度 $\delta \geqslant 50$ mm 低碳钢板的气割	1. 高速气割的原理及特点	★
	2. 高速氧气切割的工艺参数	★★★
	3. 厚度 $\delta \geqslant 50$ mm 低碳钢板气割的操作注意事项	★★★
	4. 切割面质量的检验	★★

注：表中"重要程度"中，"★"为重要程度级别最低，"★★★"为重要程度级别最高。

重点复习提示

一、等离子弧切割的基本原理及特点

1. 等离子弧切割的基本原理

氧—乙炔切割主要依靠金属（主要是铁）在氧气中的剧烈燃烧来实现的，氧—乙炔切割的局限性很大，一般只能用来切割一些含铁质的金属材料，而不能切割熔点高、导热性好、氧化物熔点高和黏滞性大的金属。等离子弧切割是利用高能量密度和高速的等离子弧为热源，将被切割金属局部熔化并蒸发，由高速气流将已熔化的金属吹离母材而形成狭窄切口，由于等离子弧柱的温度远高于金属及其氧化物的熔点，故可切割任何金属。等离子弧切割速度快，没有氧—乙炔切割时对工件产生的燃烧，因此工件获得的热量相对较少，工件变形也

小，适合于切割不锈钢、铸铁、钛、钼、钨、铜及铜合金、铝及铝合金等难于切割的材料。采用非转移型等离子弧，还可以切割花岗岩、碳化硅等非金属。

2. 等离子弧切割的特点

等离子弧切割具有以下的特点。

（1）弧柱能量集中、温度高、冲击力大。

（2）可切割所有的金属（导电）材料及部分非金属材料。

（3）切割碳钢、铜及铜合金、铝及铝合金、不锈钢等金属时，生产效率高、经济效益好，切口窄而光滑。

（4）切割薄板不变形。

（5）切割速度快。

二、等离子弧切割的工艺参数

1. 切割电流

切割电流及电压决定了等离子弧功率及能量的大小。在增加切割电流的同时，切割速度和切割厚度也相应增加。若切割电流过大会使切口变宽，喷嘴烧损加剧，过大的电流会产生双弧现象。

2. 空载电压

空载电压高，易于引弧，特别是切割大厚度工件时提高切割电压效果更好，为了得到较高的空载电压需选用空载电压较高的电源。空载电压还与割炬结构、喷嘴至工件距离、气体流量等因素有关。

3. 切割速度

切割速度对切割质量有较大的影响，合适的切割速度是切口表面平直的重要条件。提高切割速度使切口区域受热减小、切口变窄，甚至不能切透工件；切割速度过慢，生产效率低，切口表面粗糙，甚至在切口背面形成熔瘤，致使清渣困难。在保证割透的前提下，应尽量提高切割速度。

4. 气体流量

气体流量大有利于电弧的压缩，使等离子弧的能量更为集中，同时工作电压也随之提高，可提高切割速度和切割质量。但气体流量过大，会使电弧散失一定的热量，反而降低切割能力，电弧燃烧不稳定，甚至使切割过程无法进行。

5. 喷嘴距工件距离

喷嘴到工件的距离增加时，电弧电压升高，等离子弧显露在空间的距离增加，弧柱散失的能量增加，使有效能量减少，对熔融金属的吹力减弱，切口下部熔瘤增多，切割质量变坏，容易出现双弧而烧坏喷嘴。距离过小，喷嘴与工件易短路而导致喷嘴烧坏，破坏切割过程的正常进行。在电极内缩量一定（通常为2～4 mm）时，喷嘴与工件的距离一般为6～8 mm；空气等离子弧切割和水压缩等离子弧切割的喷嘴距离可略小于6～8 mm。

三、提高切割质量的途径

割口质量的评定包括切口宽度、切口垂直度、切口表面粗糙度、割纹深度、切口底部熔瘤、切口热影响区的硬度及宽度等项。良好的切割质量应当是切口表面光洁、宽度窄、横断面呈矩形、无熔渣或挂渣（熔瘤）、表面硬度不妨碍割后的机械加工。

1. 保证切口宽度和平直度

等离子弧切割时主要是靠弧柱的高温来熔化割缝金属，当工件厚度较大时，切口的上部往往比下部切去的金属多，使切口端面稍微倾斜。等离子弧切口宽度比氧—乙炔切割宽1.5～2倍，板厚增加，切口宽度也增加。板厚25 mm以下的不锈钢或铝及铝合金，可用小电流等离子弧进行切割，切口平直度高，特别是切割厚度8 mm以下的板材，可以切出较小的棱角，切割精度非常高。

2. 减少切口熔瘤

采用等离子弧切割时割缝背面容易形成熔瘤，清除比较困难，影响工件的正常使用。为了减少熔瘤的产生，可采取如下的措施。

（1）保证喷嘴与钨极的同心度。

（2）保证等离子弧有足够的功率。

（3）选择合适的气体流量和切割速度。

3. 保证电极与喷嘴的同心度

4. 保证等离子弧有足够功率

5. 选择合适的气体流量和切割速度

6. 避免产生双弧

防止产生双弧的措施有：

（1）正确选择电流及离子气流量。

（2）减少转弧时的冲击电流。

（3）喷嘴孔道不要太长。

（4）电极和喷嘴应尽可能对中。

（5）喷嘴至割件的距离不要太近。

（6）电极内缩量不要太大。

（7）加强对电极和喷嘴的冷却。

四、激光切割的分类及特点

1. 激光切割的分类

激光光束能够切割各种金属和非金属材料,其切割方式有四种:

(1) 激光汽化切割。

(2) 激光熔化切割。

(3) 激光氧化切割。

(4) 划片与断裂控制切割。

2. 激光切割的特点

(1) 切割质量好。由于激光光束的聚焦性好,光斑小,激光切割的加热面积只有氧乙炔焰的 1/1 000～1/10,所以氧化反应的范围及其集中,促使激光切口宽度窄、精度高、热影响区小、变形小、表面粗糙度好、切口光洁美观,切割零件的尺寸精度可达±0.05 mm,切缝一般不需再加工即可使用。

(2) 切割效率高。如采用 2 kW 的激光功率,对 4.8 mm 厚的不锈钢板进行加氧切割,切割速度可达 400 cm/min。切割速度主要由激光功率密度决定,但喷吹气体选择不当也会直接影响切割速度,对易氧化放热的金属喷吹氧化性气体切割速度要快很多。另外,由于激光传输的特性,激光切割机上一般配有数台数控工作台,整个切割过程全部可以实现数控,操作时,只要改变数控程序,就可进行不同形状工件的二维或三维切割,节省工作时间。

(3) 非接触式切割。激光切割时利用激光光束对工件进行加热,割炬与工件不接触,切割不同形状、不同厚度的零件时,只需改变激光器的输出参数就可完成。

(4) 适应性强。利用激光可以切割各种金属材料和非金属材料。

五、激光切割的操作要点

激光切割时的激光束的参数、机器及数控系统的性能和精度都直接影响激光切割的效率和质量。要想得到满意的切割质量,必须掌握好如下几项。

1. 焦点位置控制技术

在工业生产中确定焦点位置的简便方法有三种。

(1) 打印法。使切割头从上往下运动,在塑料板上进行激光束打印,打印直径最小处为焦点。

(2) 斜板法。用和垂直轴成一角度斜放的塑料板使其水平拉动,寻找激光束的最小处为焦点。

(3) 蓝色火花法。去掉喷嘴,吹空气,将脉冲激光打在不锈钢板上,使切割头从上往下运动，蓝色火花最大处为焦点。

2. 切割穿孔技术

对于没有冲压装置的激光切割机有两种穿孔的基本方法：爆破穿孔、脉冲穿孔。

六、高速氧气切割的工艺参数

1. 切割氧压力

在割件厚度、割嘴代号、氧气纯度均已确定的情况下，气割氧压力的大小对气割质量有直接的影响。当采用按马赫数（音速）$M=2$ 设计的割嘴时，切割氧压力若为 0.70 MPa，氧气的消耗量最小，切口质量最好；当切割氧压力低于此值时，氧气供应不足，会引起金属燃烧不完全，降低气割速度，切口下部变窄，甚至会产生割不穿的现象；当切割氧的压力高于此值时，切口表面纹路粗糙，割缝加大，对于厚板还会出现深沟，切口成喇叭状。这是因为出口氧流压力大于外界气压，使气流过度膨胀或出口后继续膨胀而扰乱了切割氧流，同时过剩的氧气对割件有冷却作用，氧气消耗量也大。

2. 气割速度

气割速度主要取决于割件的厚度，割件越厚，割速越慢。气割速度可以在较宽的范围内进行选择。在不产生塌边的情况下，气割速度较慢，则切口表面的粗糙度可达 $Ra3.2\mu m$。若气割速度过快，不仅使后拖量迅速增加，而且还会出现凹心和挂渣等缺陷，使切口纹路变粗。

3. 割嘴的后倾角

当进行直线气割薄板时，应将割嘴沿气割方向后倾一个角度，以促使熔渣的热量沿着气割方向传播，使切口得到良好的余热，从而促进铁的燃烧反应，使气割速度能显著提高。但气割厚钢板时，增大后倾角反而使气割发生困难。因此，后倾角应随钢板的增加而减小。

4. 气体消耗量

采用不同的割嘴孔径时，乙炔割嘴和丙烷割嘴的气体消耗量不同。

七、厚度 $\delta \geqslant 50$ mm 低碳钢板气割的操作注意事项

（1）钢板在气割前要校直，并尽量置于水平位置。切口及其附近要清理好。

（2）被割钢板，要选择合适的支持方法。

（3）要正确地选择气割规范，并严格地按气割规范进行气割。

（4）切割时，氧气压力的大小应掌握适当，应根据工件厚薄、切割嘴型、切割速度等因素加以选择。

（5）预热时火焰能率不应选择过大或过小。

(6) 切割速度要适当，此时熔渣和火花应垂直向下，或成一定的倾斜角度。

(7) 割炬要保持情清洁，不应有氧化铁渣的飞溅物粘在嘴头上，尤其是割嘴内孔要保持光滑。

辅导练习题

一、判断题（下列判断正确的请在括号中打"√"，错误的请在括号内打"×"）

1. 高速气割具有淬硬倾向的钢材时，其切口表面的硬度均高于母材。（　）
2. 高速气割切口表面粗糙度与切割速度有关。（　）
3. 切割速度主要取决于割件的厚度，割件越厚，割速越慢。（　）
4. 高速切割，切割速度快，因此传到钢板上的热量多。（　）
5. 激光切割是无接触切割，切割噪声相对较低、污染小。（　）
6. 激光气化切割由于被切割材料汽化热很大，所以，大都用于非金属材料的切割。（　）
7. 激光熔化切割，也可用于切割活性金属。（　）
8. 激光氧化切割速度远远大于激光熔化切割和激光汽化切割。（　）
9. 激光现场操作人员，为减少漫反射的伤害，应穿白色激光防护服，该防护服是由耐火及耐热材料制成的。（　）
10. 激光焊焊接的厚度比电子束焊小。（　）
11. 一般等离子弧切割时都采用直流反接。（　）
12. 等离子弧不可以切割黑色和有色金属。（　）
13. 进行等离子弧切割时，适当增大气体流量，能加强对电弧的压缩作用，使电弧能力集中。（　）
14. 采用等离子弧切割铝合金所用电流比切割同等厚度的不锈钢所用电流小。（　）
15. 等离子弧焊接与切割，弧光辐射主要是紫外线、可见光与红外线。（　）
16. 等离子弧切割过程不会产生一氧化碳中毒。（　）
17. 激光气化切割不适用于切割极薄金属材料和非金属材料。（　）
18. 激光熔化切割多用于纸张、布、母材及岩石、混凝土等非金属的切割。（　）
19. 激光熔化切割所需的能量比汽化切割所需的能量大。（　）
20. 激光切片是利用高能量密度的激光在脆性材料的表面进行扫描，是材料受热蒸发出一条小槽，然后施加一定的压力，脆性材料就会沿小槽处裂开。（　）
21. 激光切割速度不影响切口宽度和切口表面粗糙度。（　）

22. 水压缩等离子弧是利用水代替冷气流来压缩等离子弧的。　　　　　　　（　）

23. 等离子弧切割时，会产生大量的金属蒸气及有害气体。　　　　　　　（　）

24. 等离子弧切割时，气体流量过大反而会使切割能力减弱。　　　　　　（　）

25. 双气流等离子弧切割，压缩空气与电极直接接触。　　　　　　　　　（　）

26. 空气等离子弧切割不适用切割 30 mm 以下的碳钢。　　　　　　　　　（　）

27. 空气等离子弧切割时，锆电极的工作寿命一般只有 5～10 h。　　　　　（　）

28. 等离子弧切割电源应选用陡降的外特性曲线。　　　　　　　　　　　（　）

29. 气割厚度大于 30 mm 的割件时，应先将割嘴向前倾斜 40°～50°。　　　（　）

30. 气割临近终端时，应逐渐将割嘴向切割方向后倾 20°～30°。　　　　　（　）

二、单项选择题（下列每题有 4 个选项，其中只有 1 个是正确的，请将其代号填写在横线空白处）

1. 厚钢板气割应_____。
   A. 使下层金属燃烧比上层金属快　　B. 选用切割能力较大的割炬
   C. 选用小的预热火焰能率　　　　　D. 在临近结束时加快切割速度

2. 钢管坡口的气割要求包括_____。
   A. 割嘴倾角保持恒定　　　　　　　B. 割炬做横向运动
   C. 割嘴倾角不断变化　　　　　　　D. 割炬做直线切割

3. 等离子弧焊中，当冷状态的保护气体以较高的流速经弧柱区时，对弧柱会产生_____。
   A. 冷收缩效应　　　　　　　　　　B. 机械压缩
   C. 热收缩效应　　　　　　　　　　D. 磁收缩效应

4. 等离子弧有_____三种。
   A. 转移弧、直接弧、间接弧　　　　B. 直接弧、间接弧、非转移弧
   C. 转移弧、非转移弧、联合弧　　　D. 双弧、直接弧、间接弧

5. 不锈钢气割时的主要困难时切口表面易形成_____。
   A. 高熔点的氧化铁　　　　　　　　B. 高熔点的氧化铬
   C. 晶粒腐蚀坑　　　　　　　　　　D. 热裂纹

6. 等离子弧气割的优点不包括_____。
   A. 可切割黑色金属　　　　　　　　B. 可切割有色金属
   C. 可切割非金属材料　　　　　　　D. 割口质量好

7. 等离子弧切割电源的工作电压在_____以上。
   A. 25V　　　　　　　　　　　　　　B. 35V

C. 60V D. 80V

8. 当采用转移形电弧时,不可以切割_____。
   A. 花岗岩 B. 不锈钢
   C. 铸铁 D. 钢

9. 等离子弧的能量密度可达_____ W/cm^2。
   A. $10^2 \sim 10^3$ B. $10^3 \sim 10^4$
   C. $10^4 \sim 10^5$ D. $10^5 \sim 10^6$

10. 等离子弧切割一般采用_____。
    A. 直流正接 B. 反接
    C. 交流 D. 电极正接

11. 空气等离子弧切割采用_____作为常用气体。
    A. 氩气 B. 氧气
    C. 氮气 D. 压缩空气

12. 等离子弧切割参数不包括_____。
    A. 切割电流 B. 空载电压
    C. 切割速度 D. 切割机型号

13. 采用等离子弧切割时,电极端面至喷嘴端面的距离一般取_____ mm。
    A. 4～8 B. 8～11
    C. 3～5 D. 4～15

14. 等离子弧切割功率是指_____。
    A. 电压 B. 气体流量
    C. 电流 D. 电压与电流的乘积

15. 等离子弧切割最常用的电极是_____。
    A. 纯钨极 B. 钍钨极
    C. 铈钨极 D. 铱钨极

16. 高速切割的特点不包括_____。
    A. 切割速度快 B. 钢板的变形量大
    C. 可切割较厚的钢板 D. 切割所需氧气流量大

17. 高速切割后,切口的表面硬度_____母材。
    A. 等于 B. 低于
    C. 高于 D. 远低于

18. 激光切割的特点不包括_____。

A. 效率高 B. 能量密度集中
C. 机械加工变形较大 D. 可通过空气进行切割

19. 利用激光器使工作物质受激而产生一种单色性高、方向性强及亮度高的光束通过聚焦后集中成一小斑点,聚焦后光束功率_____极高。

  A. 能量   B. 密度
  C. 值   D. 效率

20. YAG 激光器输出的激光波长为 1.06 _____。

  A. mm   B. cm
  C. μm D. nm

21. CO_2 激光器工作气体的主要成分是_____。

  A. CO_2、N_2、Ar   B. CO_2、O_2、He
  C. CO_2、N_2、He   D. CO_2、O_2、Ar

22. CO_2 激光器中的 CO_2 _____是产生激光的粒子。

  A. 分子   B. 原子
  C. 离子   D. 中子

23. 激光加热的范围小,约小于 1 _____,在同样的焊接厚度条件下,焊接速度更高。

  A. mm   B. cm
  C. μm D. nm

24. 按激光聚焦后斑上功率密度的不同,激光焊可分为_____焊和深熔焊。

  A. 脉冲   B. 传热
  C. 连续   D. 断续

25. 用激光焊接较厚的板材时,采用适当的_____离焦量,可以获得最大的熔深。

  A. 正   B. 负
  C. 大   D. 小

26. 气割厚钢板时,如发现有割不透现象应立即_____。

  A. 加大氧气流量   B. 加大乙炔流量
  C. 停止气割,从割口处起割   D. 停止气割,从另一侧起割

27. 厚钢板气割应该_____。

  A. 选用大的割嘴   B. 选用大的火焰能率
  C. 切割速度要慢   D. 不摆动割嘴

28. 钢管坡口的气割要求包括_____。

A. 割嘴倾角保持恒定　　　　　　B. 割炬做横向摆动
C. 背面坡口的切割　　　　　　　D. 割嘴倾角不断变化

29. 切割面的表面粗糙度是指_____之间的距离。
   A. 波峰与波谷　　　　　　　　B. 波峰与平均值
   C. 波谷与平均值　　　　　　　D. 波峰与基准线

30. 不能用氧气切割的金属是_____的金属。
   A. 燃点低于熔点　　　　　　　B. 金属氧化物熔点低于金属熔点
   C. 导热性不好　　　　　　　　D. 燃烧时吸热反应

31. 切割性能最好的金属是_____。
   A. 低碳钢　　　　　　　　　　B. 铜
   C. 铝合金　　　　　　　　　　D. 高合金钢

32. 对气割切口的表面要求为_____。
   A. 表面挂渣多　　　　　　　　B. 切口表面光滑
   C. 切割缝隙较宽　　　　　　　D. 割缝宽窄有差距

33. 气割速度太快，会出现_____现象。
   A. 薄件变形　　　　　　　　　B. 粘渣不易清除
   C. 浪费氧气　　　　　　　　　D. 割不透

34. 与碳弧气刨相比，使用气割清根_____。
   A. 设备复杂　　　　　　　　　B. 生产效率较低
   C. 灵活性差　　　　　　　　　D. 技术不容易掌握

35. CO_2激光切割机的组成系统是_____。
   A. 激光聚焦和电源系统　　　　B. 激光光源和感光系统
   C. 感光系激光器和电源系统　　D. 感光系聚焦和电源系统

36. 进行等离子弧切割时，下列不会导致产生双弧的是_____。
   A. 电流过大　　　　　　　　　B. 喷嘴孔径过小
   C. 钨极不对中　　　　　　　　D. 等离子气流量过大

37. 采用等离子弧切割时，电弧功率不变的情况下，提高切割速度不会使_____。
   A. 热影响区增大　　　　　　　B. 切口变窄
   C. 生产率提高　　　　　　　　D. 切割厚度变小

38. 等离子弧切割采用高频振荡器引弧，引弧频率选择_____较为合适。
   A. 20～60 Hz　　　　　　　　　B. 20～60 kHz
   C. 200～600 kHz　　　　　　　　D. 200～600 Hz

参 考 答 案

一、判断题

1. √	2. √	3. √	4. ×	5. √	6. √	7. √	8. √	9. √
10. √	11. ×	12. ×	13. √	14. ×	15. √	16. √	17. ×	18. √
19. ×	20. √	21. ×	22. √	23. √	24. √	25. ×	26. ×	27. √
28. √	29. ×	30. √						

二、单项选择题

1. B	2. A	3. C	4. C	5. B	6. D	7. A	8. A	9. D
10. A	11. D	12. D	13. B	14. D	15. C	16. B	17. C	18. C
19. B	20. C	21. C	22. A	23. A	24. B	25. B	26. D	27. B
28. A	29. A	30. D	31. A	32. B	33. D	34. B	35. A	36. D
37. A	38. B							

第 2 部分　操作技能鉴定指导

第 1 章　焊条电弧焊

考 核 要 点

操作技能考核范围	考核要点	重要程度
骑座式管板水平固定全位置单面焊双面成形	骑座式管板水平固定全位置单面焊双面成形	★★★
厚度 $\delta \geqslant 6$ mm 的低合金钢板对接立焊单面焊双面成形	厚度 $\delta \geqslant 6$ mm 的低合金钢板对接立焊单面焊双面成形	★★
管径 $\phi \geqslant 76$ mm 的低碳钢管对接水平固定焊	管径 $\phi \geqslant 76$ mm 的低碳钢管对接水平固定焊	★★★
厚度 $\delta \geqslant 6$ mm 的低碳钢板对接横焊单面焊双面成形	厚度 $\delta \geqslant 6$ mm 的低碳钢板对接横焊单面焊双面成形	★★★

注：表中"重要程度"中，"★"为重要程度级别最低，"★★★"为重要程度级别最高。

辅导练习题

【题目1】骑座式管板水平固定全位置单面焊双面成形

1. 考核要求

（1）必须穿戴劳动保护用品。

（2）试件坡口形式：V形。

（3）焊前将试件坡口及两侧 20 mm 范围内的铁锈、油污、氧化物等清理干净，使其露出金属光泽。

（4）间隙 2.5～3.2 mm。

（5）定位焊缝位于 2 点、10 点位置处，即两点定位，定位焊缝长度≤15 mm。

(6) 焊接位置为水平固定。

(7) 定位装配后,将装配好的试件固定在操作架上。试件一经施焊不得改变焊接位置。

(8) 焊接完毕,关闭焊机,焊缝表面清理干净,并保持焊缝原始状态,不允许补焊、返修及修磨。场地清理干净,工具摆放整齐。

(9) 符合安全文明生产要求。

2. 准备工作

(1) 材料准备见下表。

序号	名称	规格	数量	备注
1	Q235 管、板	150 mm×150 mm×10 mm 孔板 ϕ60 mm×100 mm×5 mm 钢管	2件/人	板厚允许在 8~12 mm 范围内选取
2	E4303 焊条	ϕ3.2 mm	10根/人	焊条可在 100~150℃ 范围内烘干,保温 1~1.5h

(2) 设备准备见下表。

序号	名称	规格	数量	备注
1	交流或直流焊机	根据实际情况确定	1台/工位	鉴定站准备
2	焊条烘干箱	根据实际情况确定	2台/鉴定站	鉴定站准备
3	焊条保温筒	根据实际情况确定	1个/工位	鉴定站准备

(3) 工具、量具准备见下表。

序号	名称	规格	数量	备注
1	焊接检验尺	HJC-40	不少于3把	鉴定站准备
2	钢直尺	根据实际情况确定	不少于3把	鉴定站准备
3	放大镜	5倍	不少于3把	鉴定站准备
4	钢印		2套	鉴定站准备
5	电焊面罩	自定	1个	考生准备
6	电焊手套	自定	1副	考生准备
7	锉刀	自定	1把	考生准备
8	敲渣锤	自定	1把	考生准备
9	錾子	自定	1把	考生准备
10	钢丝刷	自定	1把	考生准备
11	角向磨光机	自定	1台	考生准备

3. **考核时限**

(1) 基本时间:准备时间 25 min,正式操作时间 45 min(不包括组对时间)。

(2) 时间允差：操作超过额定时间 5 min（包括 5 min）以内扣总分 3 分，超时 5 min 以上本题零分。

4. 评分项目及标准

评分项目	评分要素	配分	评分标准及扣分
1. 准备工作	工具、用具准备齐全	10	自备工具每少一件扣 2 分，扣完为止
2. 焊缝外观	焊缝表面不允许有焊瘤、气孔、夹渣等缺陷	10	出现任何一种缺陷不得分
	焊缝咬边深度≤0.5 mm，两侧咬边总长度不超过焊缝有效长度的 10%	10	焊缝咬边深度≤0.5 mm，累计长度每 5 mm 扣 2 分；累计长度超过焊缝有效长度的 10% 不得分；咬边深度>0.5 mm 不得分
	焊缝凹凸度≤1.5 mm	5	焊缝凹凸度>1.5 mm 时不得分
	焊脚尺寸 $k=\delta$（板厚）+0~3 mm	10	每超标一处扣 5 分，扣完为止
	管板之间夹角为 90°±3°	5	超标不得分
	外观成形美观，焊纹均匀、细密、高低宽窄一致	10	焊缝平整，焊纹不均匀，扣 2 分；外观成形一般，焊缝平直，局部高低宽窄不一致，扣 3 分；焊缝弯曲，高低宽窄明显不一致，有表面焊接缺陷，不得分
3. 宏观金相检验	根部熔深≥0.5 mm	10	根部熔深<0.5 mm 时不得分
	条状缺陷	10	尺寸≤0.5 mm，数量不多于 3 个时，每个扣 1 分，数量超过 3 个，不得分；尺寸>0.5 mm 且≤1.5 mm，数量不多于 1 个时，扣 5 分，数量多于 1 个时，不得分；尺寸>1.5 mm 时不得分
	点状缺陷	10	尺寸≤0.5 mm，数量不多于 3 个时，每个扣 2 分，数量超过 3 个，不得分；尺寸>0.5 mm 且≤1.5 mm，数量不多于 1 个时，扣 5 分，数量多于 1 个时，不得分；尺寸>1.5 mm 时不得分
4. 否定项	焊缝出现裂纹、未熔合、烧穿缺陷；焊接操作时，随意改变试件操作位置；焊缝原始表面被破坏；超时 5 min 以上		出现任何一项，按零分处理
5. 安全文明生产	严格按操作规程操作	10	劳保用品穿戴不全，扣 2 分；焊接过程中有违反操作规程的现象，根据情况扣 2~5 分；焊接完毕，场地清理不干净，工具码放不整齐，扣 3 分
	合计	100	

【题目2】 厚度 $\delta \geqslant 6$ mm 的低合金钢板对接立焊单面焊双面成形

1. 考核要求

(1) 必须穿戴劳动保护用品。

(2) 试件坡口形式：V形。

(3) 焊前将试件坡口及两侧 20 mm 范围内的铁锈、油污、氧化物等清理干净，使其露出金属光泽。

(4) 间隙 3~4 mm。

(5) 定位焊缝位于立板的最上端和最下端，即两点定位，定位焊缝长度≤15 mm。定位焊时允许采用反变形。

(6) 焊接位置为立焊。

(7) 定位装配后，将装配好的试件固定在操作架上。试件一经施焊不得改变焊接位置。

(8) 焊接完毕，关闭焊机，焊缝表面清理干净，并保持焊缝原始状态，不允许补焊、返修及修磨。场地清理干净，工具摆放整齐。

(9) 符合安全文明生产要求。

2. 准备工作

(1) 材料准备见下表。

序号	名称	规格	数量	备注
1	Q345A 钢板	250 mm×200 mm×12 mm	2件/人	
2	E5015 焊条	ϕ3.2 mm、ϕ4 mm	各10根/人	焊条可在 350~400℃范围内烘干，保温 1~1.5h

试件形状及尺寸如下图所示。

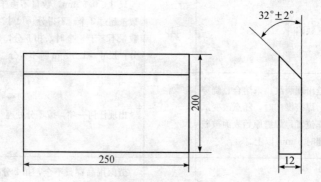

(2) 设备准备见下表。

序号	名称	规格	数量	备注
1	直流焊机	根据实际情况确定	1台/工位	鉴定站准备
2	焊条烘干箱	根据实际情况确定	2台/鉴定站	鉴定站准备
3	焊条保温筒	根据实际情况确定	1个/工位	鉴定站准备

（3）工具、量具准备见下表。

序号	名称	规格	数量	备注
1	焊接检验尺	HJC-40	不少于3把	鉴定站准备
2	钢直尺	根据实际情况确定	不少于3把	鉴定站准备
3	放大镜	5倍	不少于3把	鉴定站准备
4	钢印		2套	鉴定站准备
5	电焊面罩	自定	1个	考生准备
6	电焊手套	自定	1副	考生准备
7	锉刀	自定	1把	考生准备
8	敲渣锤	自定	1把	考生准备
9	錾子	自定	1把	考生准备
10	钢丝刷	自定	1把	考生准备
11	角向磨光机	自定	1台	考生准备

3. 考核时限

（1）基本时间：准备时间 25 min，正式操作时间 45 min（不包括组对时间）。

（2）时间允差：操作超过额定时间 5 min（包括 5 min）以内扣总分 3 分，超时 5 min 以上本题零分。

4. 评分项目及标准

评分项目	评分要素	配分	评分标准及扣分
1. 准备工作	工具、用具准备齐全	10	自备工具每少一件扣 2 分，扣完为止
2. 焊缝外观	焊缝表面不允许有焊瘤、气孔、夹渣等缺陷	10	出现任何一种缺陷不得分
	焊缝咬边深度≤0.5 mm，两侧咬边总长度不超过焊缝有效长度的 10%	10	焊缝咬边深度≤0.5 mm，累计长度每 5 mm 扣 2 分；累计长度超过焊缝有效长度的 10% 不得分；咬边深度>0.5 mm 不得分
	背面凹坑深度≤0.2δ 且≤2 mm，累计长度不超过焊缝有效长度的 10%	5	深度≤0.2δ 且≤2 mm 时，每 10 mm 长度扣 1 分；累计长度超过焊缝有效长度的 10% 时，不得分；深度>2 mm 时，不得分

续表

评分项目	评分要素	配分	评分标准及扣分
2. 焊缝外观	焊缝余高 0~3 mm，余高差 ≤2 mm，焊缝宽度比坡口每侧增宽 0.5~2.5 mm，宽度差≤3 mm	5	每种尺寸超标一处扣 1 分，扣完为止
	背面焊缝余高≤3 mm	5	超标不得分
	错边≤0.1δ 且≤2 mm	5	超标不得分
	焊后角变形≤3°	5	超标不得分
	外观成形美观，焊纹均匀、细密、高低宽窄一致	5	焊缝平整，焊纹不均匀，扣 2 分；外观成形一般，焊缝平直，局部高低宽窄不一致，扣 3 分；焊缝弯曲，高低宽窄明显不一致，有表面焊接缺陷，不得分
3. 内部质量	X 射线探伤检验（JB 4730）	30	Ⅰ级片不扣分；Ⅱ级片扣 7 分；Ⅲ级片扣 15 分；Ⅲ级以下不得分
4. 否定项	焊缝出现裂纹、未熔合、烧穿缺陷；焊接操作时，随意改变试件操作位置；焊缝原始表面被破坏；超时 5 min 以上		出现任何一项，按零分处理
5. 安全文明生产	严格按操作规程操作	10	劳保用品穿戴不全，扣 2 分；焊接过程中有违反操作规程的现象，根据情况扣 2~5 分；焊接完毕，场地清理不干净，工具码放不整齐，扣 3 分
	合计	100	

【题目 3】 管径 $\phi \geqslant 76$ mm 的低碳钢管对接水平固定焊

1. 考核要求

(1) 必须穿戴劳动保护用品。

(2) 试件坡口形式：V 形。

(3) 焊前将试件坡口及两侧 20 mm 范围内的铁锈、油污、氧化物等清理干净，使其露出金属光泽。

(4) 间隙 3~4 mm。

(5) 定位焊缝位于管口 10 点、2 点的位置，两点定位。定位焊缝长度≤15 mm。

(6) 焊接位置为全位置焊接。

(7) 定位装配后，将装配好的试件固定在操作架上。试件一经施焊不得改变焊接位置。

(8) 焊接完毕，关闭焊机，焊缝表面清理干净，并保持焊缝原始状态，不允许补焊、返修及修磨。场地清理干净，工具摆放整齐。

(9) 符合安全文明生产要求。

2. 准备工作

(1) 材料准备见下表。

序号	名称	规格	数量	备注
1	Q235A 钢管	ϕ108 mm×120 mm×8 mm	2件/人	壁厚允许在8~12 mm范围内选取
2	E4303 焊条	ϕ3.2 mm	10根/人	焊条可在100~150℃范围内烘干,保温1~1.5h

试件形状及尺寸如下图所示。

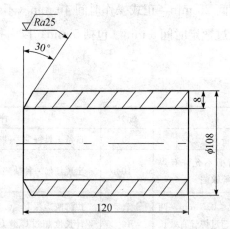

(2) 设备准备见下表。

序号	名称	规格	数量	备注
1	交流或直流焊机	根据实际情况确定	1台/工位	鉴定站准备
2	焊条烘干箱	根据实际情况确定	2台/鉴定站	鉴定站准备
3	焊条保温筒	根据实际情况确定	1个/工位	鉴定站准备

(3) 工具、量具准备见下表。

序号	名称	规格	数量	备注
1	焊接检验尺	HJC-40	不少于3把	鉴定站准备
2	钢直尺	根据实际情况确定	不少于3把	鉴定站准备
3	放大镜	5倍	不少于3把	鉴定站准备
4	钢印		2套	鉴定站准备
5	电焊面罩	自定	1个	考生准备

续表

序号	名称	规格	数量	备注
6	电焊手套	自定	1副	考生准备
7	锉刀	自定	1把	考生准备
8	敲渣锤	自定	1把	考生准备
9	錾子	自定	1把	考生准备
10	钢丝刷	自定	1把	考生准备
11	角向磨光机	自定	1台	考生准备

3. 考核时限

（1）基本时间：准备时间 25 min，正式操作时间 45 min（不包括组对时间）。

（2）时间允差：操作超过额定时间 5 min（包括 5 min）以内扣总分 3 分，超时 5 min 以上本题零分。

4. 评分项目及标准

评分项目	评分要素	配分	评分标准及扣分
1. 准备工作	工具、用具准备齐全	10	自备工具每少一件扣 2 分，扣完为止
2. 焊缝外观	焊缝表面及背面不允许有焊瘤、气孔、夹渣等缺陷	10	出现任何一种缺陷不得分
	焊缝咬边深度≤0.5 mm，两侧咬边总长度不超过焊缝有效长度的 10%	10	焊缝咬边深度≤0.5 mm，累计长度每 5 mm 扣 2 分；累计长度超过焊缝有效长度的 10% 不得分；咬边深度>0.5 mm 不得分
	背面凹坑深度≤0.2δ 且≤2 mm，累计长度不超过焊缝有效长度的 10%	5	深度≤0.2δ 且≤2 mm 时，每 5 mm 长度扣 1 分；累计长度超过焊缝有效长度的 10% 时，不得分；深度>2 mm 时，不得分
	背面焊缝余高≤3 mm	7.5	超标不得分
	错边≤10%δ	7.5	超标不得分
	外观成形美观，焊纹均匀、细密、高低宽窄一致	10	焊缝平整，焊纹不均匀，扣 2 分；外观成形一般，焊缝平直，局部高低宽窄不一致，扣 3 分；焊缝弯曲，高低宽窄明显不一致，有表面焊接缺陷，不得分
3. 内部质量	X 射线探伤检验（JB 4730）	30	Ⅰ级片不得分；Ⅱ级片扣 7 分；Ⅲ级片扣 15 分；Ⅲ级以下不得分
4. 否定项	焊缝出现裂纹、未熔合、烧穿缺陷；焊接操作时，随意改变试件操作位置；焊缝原始表面被破坏；超时 5 min 以上		出现任何一项，按零分处理

续表

评分项目	评分要素	配分	评分标准及扣分
5. 安全文明生产	严格按操作规程操作	10	劳保用品穿戴不全,扣2分;焊接过程中有违反操作规程的现象,根据情况扣2~5分;焊接完毕,场地清理不干净,工具码放不整齐,扣3分
合计		100	

【题目4】 厚度 $\delta \geqslant 6$ mm 的低碳钢板对接横焊单面焊双面成形

1. 考核要求

(1) 必须穿戴劳动保护用品。

(2) 试件坡口形式:V形。

(3) 焊前将试件坡口及两侧20 mm范围内的铁锈、油污、氧化物等清理干净,使其露出金属光泽。

(4) 间隙3~4 mm。

(5) 定位焊缝位于板的首尾两处,组对时采用背面直接点焊法。定位焊缝长度≤15 mm。定位焊时允许采用反变形。

(6) 焊接位置为横焊。

(7) 定位装配后,将装配好的试件固定在操作架上。试件一经施焊不得改变焊接位置。

(8) 焊接完毕,关闭焊机,焊缝表面清理干净,并保持焊缝原始状态,不允许补焊、返修及修磨。场地清理干净,工具摆放整齐。

(9) 符合安全文明生产要求。

2. 准备工作

(1) 材料准备见下表。

序号	名称	规格	数量	备注
1	Q235A 钢板	250 mm×200 mm×12 mm	2件/人	板厚允许在8~12 mm范围内选取
2	E4303 焊条	ϕ2.5 mm、ϕ3.2 mm	各10根/人	焊条可在350~400℃范围内烘干,保温1~1.5h

试件形状及尺寸如下图所示。

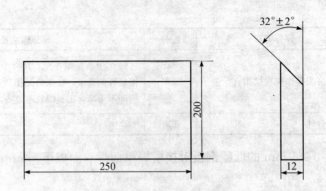

(2) 设备准备见下表。

序号	名称	规格	数量	备注
1	直流焊机	根据实际情况确定	1台/工位	鉴定站准备
2	焊条烘干箱	根据实际情况确定	2台/鉴定站	鉴定站准备
3	焊条保温筒	根据实际情况确定	1个/工位	鉴定站准备

(3) 工具、量具准备见下表。

序号	名称	规格	数量	备注
1	焊接检验尺	HJC-40	不少于3把	鉴定站准备
2	钢直尺	根据实际情况确定	不少于3把	鉴定站准备
3	放大镜	5倍	不少于3把	鉴定站准备
4	钢印		2套	鉴定站准备
5	电焊面罩	自定	1个	考生准备
6	电焊手套	自定	1副	考生准备
7	锉刀	自定	1把	考生准备
8	敲渣锤	自定	1把	考生准备
9	錾子	自定	1把	考生准备
10	钢丝刷	自定	1把	考生准备
11	角向磨光机	自定	1台	考生准备

3. 考核时限

(1) 基本时间：准备时间 25 min，正式操作时间 45 min（不包括组对时间）。

(2) 时间允差：操作超过额定时间 5 min（包括 5 min）以内扣总分 3 分，超时 5 min 以上本题零分。

4. 评分项目及标准

评分项目	评分要素	配分	评分标准及扣分
1. 准备工作	工具、用具准备齐全	10	自备工具每少一件扣2分,扣完为止
2. 焊缝外观	焊缝表面及背面不允许有焊瘤、气孔、夹渣等缺陷	5	出现任何一种缺陷不得分
	焊缝咬边深度≤0.5 mm,两侧咬边总长度不超过焊缝有效长度的10%	10	焊缝咬边深度≤0.5 mm,累计长度每5 mm扣2分;累计长度超过焊缝有效长度的10%不得分;咬边深度>0.5 mm不得分
	背面凹坑深度≤0.2δ且≤2 mm,累计长度不超过焊缝有效长度的10%	5	深度≤0.2δ且≤2 mm时,每5 mm长度扣1分;累计长度超过焊缝有效长度的10%时,不得分;深度>2 mm时,不得分
	焊缝余高0~3 mm,余高差≤2 mm,焊缝宽度比坡口每侧增宽0.5~2.5 mm,宽度差≤3 mm	5	每种尺寸超标一处扣1分,扣完为止
	背面焊缝余高≤3 mm	5	超标不得分
	错边≤0.1δ且≤2 mm	5	超标不得分
	焊后角变形≤3°	5	超标不得分
	外观成形美观,焊纹均匀、细密、高低宽窄一致	10	焊缝平整,焊纹不均匀,扣2分;外观成形一般,焊缝平直,局部高低宽窄不一致,扣3分;焊缝弯曲,高低宽窄明显不一致,有表面焊接缺陷,不得分
3. 内部质量	X射线探伤检验(JB 4730)	30	Ⅰ级片不扣分;Ⅱ级片扣7分;Ⅲ级片扣15分;Ⅲ级以下不得分
4. 否定项	焊缝出现裂纹、未熔合、烧穿缺陷;焊接操作时,随意改变试件操作位置;焊缝原始表面被破坏;超时5 min以上		出现任何一项,按零分处理
5. 安全文明生产	严格按操作规程操作	10	劳保用品穿戴不全,扣2分;焊接过程中有违反操作规程的现象,根据情况扣2~5分;焊接完毕,场地清理不干净,工具码放不整齐,扣3分
合计		100	

第 2 章　熔化极气体保护焊

考 核 要 点

操作技能考核范围	考核要点	重要程度
低碳钢板或低合金钢板对接的 CO_2 气体保护焊，平焊单面焊双面成形	厚度 $\delta=12$ mm 的板材对接平焊，CO_2 气体保护焊，单面焊双面成形	★★
低碳钢板或低合金钢板对接的 CO_2 气体保护焊，横焊单面焊双面成形	厚度 $\delta=12$ mm 的板材对接横焊，CO_2 气体保护焊，单面焊双面成形	★★★
低碳钢板或低合金钢板对接的 CO_2 气体保护焊，立焊单面焊双面成形	厚度 $\delta=12$ mm 的板材对接立焊，CO_2 气体保护焊，单面焊双面成形	★★
低碳钢板或低合金钢板对接的 CO_2 气体保护焊，仰焊单面焊双面成形	厚度 $\delta=12$ mm 的板材对接仰焊，CO_2 气体保护焊，单面焊双面成形	★★★

注：表中"重要程度"中，"★"为重要程度级别最低，"★★★"为重要程度级别最高。

辅导练习题

【题目 1】 CO_2 半自动气体保护焊，钢板对接平焊单面焊双面成形

1. 考核要求

(1) CO_2 半自动气体保护焊，单面焊双面成形。

(2) 焊件坡口形式为 V 形坡口，坡口面角度 $32°\pm2°$。

(3) 焊接位置为平焊。

(4) 钝边高度与间隙自定。

(5) 试件坡口两端不得安装引弧板。

(6) 焊前焊件坡口两侧 10~20 mm 范围内清油除锈，试件正面坡口内两端点固，定位焊缝长度≤20 mm，定位焊时允许做反变形。

(7) 定位装配后，将装配好的试件固定在操作架上。试件一经施焊不得任意更换和改变焊接位置。

(8) 焊接过程中劳保用品穿戴整齐。焊接参数选择正确，焊后焊件保持原始状态。

(9) 焊接完毕，关闭焊机和气瓶，工具摆放整齐，场地清理干净。

2. 准备工作

(1) 材料准备见下表。

序号	名称	规格	数量	备注
1	Q235钢板	300 mm×100 mm×12 mm	2件/人	板厚允许在8～12 mm范围内选取
2	H08Mn2SiA焊丝	ϕ1.2 mm	10根/人	

试件的形状及尺寸如下图所示。

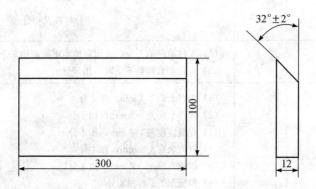

(2) 设备准备见下表。

序号	名称	规格	数量	备注
1	CO_2气体保护焊焊机	根据实际情况确定	1台/工位	鉴定站准备

(3) 工具、量具准备见下表。

序号	名称	规格	数量	备注
1	焊接检验尺	HJC-40	不少于3把	鉴定站准备
2	钢直尺	根据实际情况确定	不少于3把	鉴定站准备
3	放大镜	5倍	不少于3把	鉴定站准备
4	钢印		2套	鉴定站准备
5	电焊面罩	自定	1个	考生准备
6	电焊手套	自定	1副	考生准备
7	锉刀	自定	1把	考生准备

续表

序号	名称	规格	数量	备注
8	敲渣锤	自定	1把	考生准备
9	錾子	自定	1把	考生准备
10	钢丝刷	自定	1把	考生准备
11	角向磨光机	自定	1台	考生准备

3. 考核时限

(1) 基本时间：准备时间 30 min，正式操作时间 40 min。

(2) 时间允差：每超过 5 min 扣总分 1 分，不足 5 min 按 5 min 计算，超过额定时间 15 min 及以上不得分。

4. 评分项目及标准

序号	评分要素	配分	评分标准及扣分
1	焊前准备	10	(1) 工件清理不干净，点固定位不正确，扣 5 分 (2) 焊接参数调整不正确，扣 5 分
2	焊缝外观质量	40	(1) 焊缝余高＞3 mm，扣 4 分 (2) 焊缝余高差＞2 mm，扣 4 分 (3) 焊缝宽度差＞3 mm，扣 4 分 (4) 背面余高＞3 mm，扣 4 分 (5) 焊缝直线度＞2 mm，扣 4 分 (6) 角变形＞3°，扣 4 分 (7) 错边＞1.2 mm，扣 4 分 (8) 背面凹坑深度＞2 mm 或长度＞26 mm，扣 4 分 (9) 咬边深度≤0.5 mm，累计长度每 5 mm 扣 1 分；咬边深度＞0.5 mm 或累计长度＞26 mm，扣 8 分 注意：①焊缝表面不是原始状态，有加工、补焊、返修等现象或有裂纹、气孔、夹渣、未焊透、未熔合等任何缺陷存在，此题按不合格论 ②焊缝外观质量得分低于 24 分，此题按不合格论
3	X 射线探伤检验 (JB 4730)	40	Ⅰ级片不扣分；Ⅱ级片扣 7 分；Ⅲ级片扣 15 分；Ⅲ级以下不得分
4	安全文明生产	10	(1) 劳保用品穿戴不全，扣 2 分 (2) 焊接过程中有违反安全操作规程的现象，根据情况扣 2～5 分 (3) 焊完后场地清理不干净，工具码放不整齐，扣 3 分
	合计	100	

【题目 2】CO_2 半自动气体保护焊，钢板对接横焊单面焊双面成形

1. 操作要求

(1) CO_2 半自动气体保护焊,单面焊双面成形。

(2) 焊件坡口形式为 V 形坡口,坡口面角度 32°±2°。

(3) 焊接位置为横焊。

(4) 钝边高度与间隙自定。

(5) 试件坡口两端不得安装引弧板。

(6) 焊前焊件坡口两侧 10～20 mm 范围内清油除锈,试件正面坡口内两端点固,定位焊缝长度≤20 mm,定位焊时允许做反变形。

(7) 定位装配后,将装配好的试件固定在操作架上。试件一经施焊不得任意更换和改变焊接位置。

(8) 焊接过程中劳保用品穿戴整齐。焊接参数选择正确,焊后焊件保持原始状态。

(9) 焊接完毕,关闭焊机和气瓶,工具摆放整齐,场地清理干净。

2. 准备工作

(1) 材料准备见下表。

序号	名称	规格	数量	备注
1	Q235 钢板	300 mm×100 mm×12 mm	2 件/人	板厚允许在 8～12 mm 范围内选取
2	H08Mn2SiA 焊丝	ϕ1.2 mm	10 根/人	

试件的形状及尺寸如下图所示。

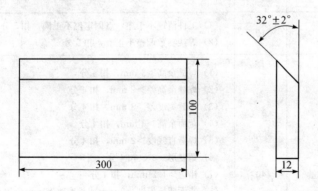

(2) 设备准备见下表。

序号	名称	规格	数量	备注
1	CO_2 气体保护焊焊机	根据实际情况确定	1 台/工位	鉴定站准备

(3) 工具、量具准备见下表。

序号	名称	规格	数量	备注
1	焊接检验尺	HJC-40	不少于3把	鉴定站准备
2	钢直尺	根据实际情况确定	不少于3把	鉴定站准备
3	放大镜	5倍	不少于3把	鉴定站准备
4	钢印		2套	鉴定站准备
5	电焊面罩	自定	1个	考生准备
6	电焊手套	自定	1副	考生准备
7	锉刀	自定	1把	考生准备
8	敲渣锤	自定	1把	考生准备
9	錾子	自定	1把	考生准备
10	钢丝刷	自定	1把	考生准备
11	角向磨光机	自定	1台	考生准备

3. 考核时限

（1）基本时间：准备时间 30 min，正式操作时间 40 min。

（2）时间允差：每超过 5 min 扣总分 1 分，不足 5 min 按 5 min 计算，超过额定时间 15 min 及以上不得分。

4. 评分项目及标准

序号	评分要素	配分	评分标准及扣分
1	焊前准备	10	（1）工件清理不干净，点固定位不正确，扣5分 （2）焊接参数调整不正确，扣5分
2	焊缝外观质量	40	（1）焊缝余高＞3 mm，扣4分 （2）焊缝余高差＞2 mm，扣4分 （3）焊缝宽度差＞3 mm，扣4分 （4）背面余高＞3 mm，扣4分 （5）焊缝直线度＞2 mm，扣4分 （6）角变形＞3°，扣4分 （7）错边＞1.2 mm，扣4分 （8）背面凹坑深度＞2 mm 或长度＞26 mm，扣4分 （9）咬边深度≤0.5 mm，累计长度每5 mm扣1分；咬边深度＞0.5 mm 或累计长度＞26 mm，扣8分 注意：①焊缝表面不是原始状态，有加工、补焊、返修等现象或有裂纹、气孔、夹渣、未焊透、未熔合等任何缺陷存在，此题按不合格论 ②焊缝外观质量得分低于24分，此题按不合格论

续表

序号	评分要素	配分	评分标准及扣分
3	X 射线探伤检验（JB 4730）	40	Ⅰ级片不扣分；Ⅱ级片扣 7 分；Ⅲ级片扣 15 分；Ⅲ级以下不得分
4	安全文明生产	10	(1) 劳保用品穿戴不全，扣 2 分 (2) 焊接过程中有违反安全操作规程的现象，根据情况扣 2～5 分 (3) 焊完后场地清理不干净，工具码放不整齐，扣 3 分
	合计	100	

【题目 3】CO_2 半自动气体保护焊，钢板对接立焊单面焊双面成形

1. 操作要求

(1) CO_2 半自动气体保护焊，单面焊双面成形。

(2) 焊件坡口形式为 V 形坡口，坡口面角度 $32°\pm2°$。

(3) 焊接位置为立焊（向上）。

(4) 钝边高度与间隙自定。

(5) 试件坡口两端不得安装引弧板。

(6) 焊前焊件坡口两侧 10～20 mm 范围内清油除锈，试件正面坡口内两端点固，定位焊缝长度≤20 mm，定位焊时允许做反变形。

(7) 定位装配后，将装配好的试件固定在操作架上。试件一经施焊不得任意更换和改变焊接位置。

(8) 焊接过程中劳保用品穿戴整齐。焊接参数选择正确，焊后焊件保持原始状态。

(9) 焊接完毕，关闭焊机和气瓶，工具摆放整齐，场地清理干净。

2. 准备工作

(1) 材料准备见下表。

序号	名称	规格	数量	备注
1	Q235 钢板	300 mm×100 mm×12 mm	2 件/人	板厚允许在 8～12 mm 范围内选取
2	H08Mn2SiA 焊丝	ϕ1.2 mm	10 根/人	

试件的形状及尺寸如下图所示。

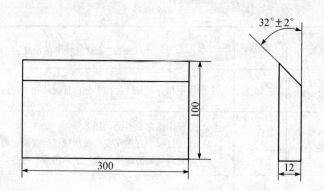

(2) 设备准备见下表。

序号	名称	规格	数量	备注
1	CO_2气体保护焊焊机	根据实际情况确定	1台/工位	鉴定站准备

(3) 工具、量具准备见下表。

序号	名称	规格	数量	备注
1	焊接检验尺	HJC-40	不少于3把	鉴定站准备
2	钢直尺	根据实际情况确定	不少于3把	鉴定站准备
3	放大镜	5倍	不少于3把	鉴定站准备
4	钢印		2套	鉴定站准备
5	电焊面罩	自定	1个	考生准备
6	电焊手套	自定	1副	考生准备
7	锉刀	自定	1把	考生准备
8	敲渣锤	自定	1把	考生准备
9	錾子	自定	1把	考生准备
10	钢丝刷	自定	1把	考生准备
11	角向磨光机	自定	1台	考生准备

3. 考核时限

(1) 基本时间：准备时间 30 min，正式操作时间 40 min。

(2) 时间允差：每超过 5 min 扣总分 1 分，不足 5 min 按 5 min 计算，超过额定时间 15 min 及以上不得分。

4. 评分项目及标准

序号	评分要素	配分	评分标准及扣分
1	焊前准备	10	(1) 工件清理不干净，点固定位不正确，扣5分 (2) 焊接参数调整不正确，扣5分
2	焊缝外观质量	40	(1) 焊缝余高＞3 mm，扣4分 (2) 焊缝余高差＞2 mm，扣4分 (3) 焊缝宽度差＞3 mm，扣4分 (4) 背面余高＞3 mm，扣4分 (5) 焊缝直线度＞2 mm，扣4分 (6) 角变形＞3°，扣4分 (7) 错边＞1.2 mm，扣4分 (8) 背面凹坑深度＞2 mm 或长度＞26 mm，扣4分 (9) 咬边深度≤0.5 mm，累计长度每5 mm扣1分；咬边深度＞0.5 mm 或累计长度＞26 mm，扣8分 注意：①焊缝表面不是原始状态，有加工、补焊、返修等现象或有裂纹、气孔、夹渣、未焊透、未熔合等任何缺陷存在，此题按不合格论 ②焊缝外观质量得分低于24分，此题按不合格论
3	X射线探伤检验 (JB 4730)	40	Ⅰ级片不扣分；Ⅱ级片扣10分；Ⅲ级片扣20分；Ⅲ级以下不得分
4	安全文明生产	10	(1) 劳保用品穿戴不全，扣2分 (2) 焊接过程中有违反安全操作规程的现象，根据情况扣2～5分 (3) 焊完后场地清理不干净，工具码放不整齐，扣3分
	合计	100	

【题目4】 CO_2 半自动气体保护焊，钢板对接仰焊单面焊双面成形

1. 操作要求

(1) CO_2 半自动气体保护焊，单面焊双面成形。

(2) 焊件坡口形式为V形坡口，坡口面角度32°±2°。

(3) 焊接位置为仰焊。

(4) 钝边高度与间隙自定。

(5) 试件坡口两端不得安装引弧板。

(6) 焊前焊件坡口两侧10～20 mm范围内清油除锈，试件正面坡口内两端点固，定位焊缝长度≤20 mm，定位焊时允许做反变形。

(7) 定位装配后，将装配好的试件固定在操作架上。试件一经施焊不得任意更换和改变焊接位置。

(8) 焊接过程中劳保用品穿戴整齐。焊接参数选择正确，焊后焊件保持原始状态。

(9) 焊接完毕，关闭焊机和气瓶，工具摆放整齐，场地清理干净。

2. 准备工作

（1）材料准备见下表。

序号	名称	规格	数量	备注
1	Q235钢板	300 mm×100 mm×12 mm	2件/人	板厚允许在8～12 mm范围内选取
2	H08Mn2SiA焊丝	ϕ1.2 mm	10根/人	

试件的形状及尺寸如下图所示。

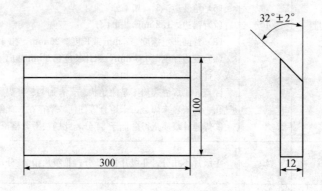

（2）设备准备见下表。

序号	名称	规格	数量	备注
1	CO_2气体保护焊焊机	根据实际情况确定	1台/工位	鉴定站准备

（3）工具、量具准备见下表。

序号	名称	规格	数量	备注
1	焊接检验尺	HJC-40	不少于3把	鉴定站准备
2	钢直尺	根据实际情况确定	不少于3把	鉴定站准备
3	放大镜	5倍	不少于3把	鉴定站准备
4	钢印		2套	鉴定站准备
5	电焊面罩	自定	1个	考生准备
6	电焊手套	自定	1副	考生准备
7	锉刀	自定	1把	考生准备
8	敲渣锤	自定	1把	考生准备
9	錾子	自定	1把	考生准备
10	钢丝刷	自定	1把	考生准备
11	角向磨光机	自定	1台	考生准备

3. 考核时限

(1) 基本时间：准备时间 30 min，正式操作时间 40 min。

(2) 时间允差：每超过 5 min 扣总分 1 分，不足 5 min 按 5 min 计算，超过额定时间 15 min 及以上不得分。

4. 评分项目及标准

序号	评分要素	配分	评分标准及扣分
1	焊前准备	10	(1) 工件清理不干净，点固定位不正确，扣 5 分 (2) 焊接参数调整不正确，扣 5 分
2	焊缝外观质量	40	(1) 焊缝余高>3 mm，扣 4 分 (2) 焊缝余高差>2 mm，扣 4 分 (3) 焊缝宽度差>3 mm，扣 4 分 (4) 背面余高>3 mm，扣 4 分 (5) 焊缝直线度>2 mm，扣 4 分 (6) 角变形>3°，扣 4 分 (7) 错边>1.2 mm，扣 4 分 (8) 背面凹坑深度>2 mm 或长度>26 mm，扣 4 分 (9) 咬边深度≤0.5 mm，累计长度每 5 mm 扣 1 分；咬边深度>0.5 mm 或累计长度>26 mm，扣 8 分 注意：①焊缝表面不是原始状态，有加工、补焊、返修等现象或有裂纹、气孔、夹渣、未焊透、未熔合等任何缺陷存在，此题按不合格论 ②焊缝外观质量得分低于 24 分，此题按不合格论
3	X 射线探伤检验 (JB 4730)	40	Ⅰ级片不扣分；Ⅱ级片扣 10 分；Ⅲ级片扣 20 分；Ⅲ级以下不得分
4	安全文明生产	10	(1) 劳保用品穿戴不全，扣 2 分 (2) 焊接过程中有违反安全操作规程的现象，根据情况扣 2~5 分 (3) 焊完后场地清理不干净，工具码放不整齐，扣 3 分
	合计	100	

第 3 章　非熔化极气体保护焊

考 核 要 点

操作技能考核范围	考核要点	重要程度
管径 φ<60 mm 的低碳钢管板 T 形接头，骑座式水平固定手工钨极氩弧焊	低碳钢管板 T 形接头，骑座式水平固定手工钨极氩弧焊	★★★
管径 φ<60 mm 的低合金钢管手工钨极氩弧焊	1. 低合金钢管对接水平固定手工钨极氩弧焊	★★★
	2. 低合金钢管对接垂直固定手工钨极氩弧焊	★★

注：表中"重要程度"中，"★"为重要程度级别最低，"★★★"为重要程度级别最高。

辅导练习题

【题目 1】　管径 φ<60 mm 的低碳钢管板 T 形接头，骑座式水平固定手工钨极氩弧焊

1. 考核要求

（1）必须穿戴劳动保护用品。

（2）必备的工具、用具准备齐全。

（3）焊前将试件坡口处的铁锈、油污、氧化膜清理干净，使其露出金属光泽。

（4）单面焊双面成形。

（5）组对时错边量应控制在允许的范围内。

（6）定位焊缝不得在 6 点处。

（7）定位装配后，将装配好的试件固定在操作架上。试件一经施焊不得改变焊接位置。

（8）焊接完毕，关闭焊机，焊缝表面清理干净，并保持焊缝原始状态，不允许补焊、返修及修磨。场地清理干净，工具摆放整齐。

（9）符合安全文明生产要求。

2. 准备工作

（1）材料准备见下表。

序号	名称	规格	数量	备注
1	20钢管	φ51 mm×100 mm×3 mm	1件/人	允许选用同类别钢板和钢管,钢板中心钻φ45 mm的孔
2	Q235A钢板	100 mm×100 mm×12 mm	1件/人	
3	H08Mn2SiA焊丝	φ2.5 mm	2m/人	焊前清理焊丝表面的油、锈,露出金属光泽
4	氩气	40 L	1瓶/工位	
5	钨极WCe-20	φ2.5 mm	1根/人	

试件形状及尺寸如下图所示。

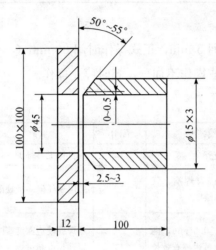

(2) 设备准备见下表。

序号	名称	规格	数量	备注
1	氩弧焊焊机	NSA-300	1台/工位	鉴定站准备
2	氩气减压流量调节器	根据实际情况确定	1台/工位	鉴定站准备

(3) 工具、量具准备见下表。

序号	名称	规格	数量	备注
1	焊接检验尺	HJC-40	不少于3把	鉴定站准备
2	钢直尺	≥200 mm	不少于3把	鉴定站准备
3	放大镜	5倍	不少于3把	鉴定站准备
4	钢印		2套	鉴定站准备
5	电焊面罩	自定	1个	考生准备
6	电焊手套	自定	1副	考生准备
7	锉刀	自定	1把	考生准备

续表

序号	名称	规格	数量	备注
8	敲渣锤	自定	1把	考生准备
9	手锤	自定	1把	考生准备
10	錾子	自定	1把	考生准备
11	钢丝刷	自定	1把	考生准备
12	角向磨光机	自定	1台	考生准备
13	砂布	自定	自定	考生准备

3. 考核时限

（1）基本时间：准备时间 5 min，正式操作时间 30 min（不包括组对时间）。

（2）时间允差：提前完成操作不加分，超时停止操作。

4. 评分项目及标准

评分项目	评分要素	配分	评分标准及扣分
1. 准备工作	工具、用具准备齐全	10	自备工具每少一件扣2分，扣完为止
2. 焊缝正面	焊缝表面不允许有焊瘤、气孔、烧穿、夹渣等缺陷	10	出现任何一种缺陷不得分
	焊缝咬边深度≤0.5 mm，两侧咬边总长度不超焊缝有效长度的10%	14	焊缝咬边深度≤0.5 mm，累计长度每5 mm扣1分；累计长度超过焊缝有效长度的10%不得分；咬边深度＞0.5 mm不得分
	焊缝凹凸度≤1.5 mm	10	超标不得分
	焊脚尺寸 $K=\delta$（管壁厚）+ 0～3 mm	10	每超标一处扣5分
	管板之间夹角为90°±2°	10	超标不得分
	外观成形美观，焊纹均匀、细密、高低宽窄一致	6	焊缝平整，焊纹不均匀，扣2分；外观成形一般，焊缝平直，局部高低宽窄不一致，扣4分；焊缝弯曲，高低宽窄明显不一致，有表面焊接缺陷，不得分
3. 焊缝背面	未焊透深度≤0.15 δ	14	未焊透深度≤0.15 δ 时，未焊透长度每5 mm扣2分；未焊透深度＞0.15 δ 不得分
	背面凹坑深度≤2 mm，累计长度不超过焊缝长度的10%	8	超标不得分
	背面焊缝余高≤3 mm	8	超标不得分

续表

评分项目	评分要素	配分	评分标准及扣分
4. 否定项	焊缝出现裂纹、未熔合、烧穿缺陷;焊接操作时,随意改变试件操作位置;焊缝原始表面被破坏		出现任何一项,按零分处理
5. 安全文明生产	严格按操作规程操作		违规操作一次从总分中扣除5分,严重违规者停止本项操作,成绩记零分
6. 考试时限	在规定时间内完成		超时停止操作
合计		100	

【题目2】 管径 $\phi<60$ mm 的低合金钢管对接,水平固定手工钨极氩弧焊

1. 考核要求

(1) 必须穿戴劳动保护用品。

(2) 必备的工具、用具准备齐全。

(3) 焊前将试件坡口处的铁锈、油污、氧化膜清理干净,使其露出金属光泽。

(4) 单面焊双面成形。

(5) 组对时错边量应控制在允许的范围内。

(6) 定位焊缝不得在6点处。

(7) 定位装配后,将装配好的试件固定在操作架上。试件一经施焊不得改变焊接位置。

(8) 焊接完毕,关闭焊机,焊缝表面清理干净,并保持焊缝原始状态,不允许补焊、返修及修磨。场地清理干净,工具摆放整齐。

(9) 符合安全文明生产要求。

2. 准备工作

(1) 材料准备见下表。

序号	名称	规格	数量	备注
1	20钢管	$\phi42$ mm×100 mm×5 mm	2件/人	坡口角度60°~65°,壁厚为5 mm
2	H08Mn2SiA 焊丝	$\phi2.5$ mm	2 m/人	焊前清理焊丝表面的油、锈,露出金属光泽
3	氩气	40 L	1瓶/工位	
4	钨极 WCe-20	$\phi2.5$ mm	1根/人	

试件形状及尺寸如下图所示。

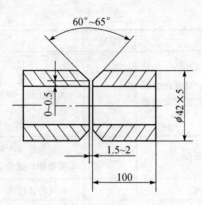

(2) 设备准备见下表。

序号	名称	规格	数量	备注
1	氩弧焊焊机	NSA-300	1台/工位	鉴定站准备
2	氩气减压流量调节器	根据实际情况确定	1台/工位	鉴定站准备

(3) 工具、量具准备见下表。

序号	名称	规格	数量	备注
1	焊接检验尺	HJC-40	不少于3把	鉴定站准备
2	钢直尺	≥200 mm	不少于3把	鉴定站准备
3	放大镜	5倍	不少于3把	鉴定站准备
4	钢印		2套	鉴定站准备
5	电焊面罩	自定	1个	考生准备
6	电焊手套	自定	1副	考生准备
7	锉刀	自定	1把	考生准备
8	敲渣锤	自定	1把	考生准备
9	手锤	自定	1把	考生准备
10	錾子	自定	1把	考生准备
11	钢丝刷	自定	1把	考生准备
12	角向磨光机	自定	1台	考生准备
13	砂布	自定	自定	考生准备

3. 考核时限

(1) 基本时间：准备时间 5 min，正式操作时间 30 min（不包括组对时间）。

(2) 时间允差：提前完成操作不加分，超时停止操作。

4. 评分项目及标准

评分项目	评分要素	配分	评分标准及扣分
1. 准备工作	工具、用具准备齐全	10	自备工具每少一件扣2分,扣完为止
2. 焊缝外观	焊缝表面不允许有焊瘤、气孔、烧穿、夹渣等缺陷	10	出现任何一种缺陷不得分
	焊缝咬边深度≤0.5 mm,两侧咬边总长度不超过焊缝有效长度的10%	15	焊缝咬边深度≤0.5 mm,累计长度每5 mm扣1分;累计长度超过焊缝有效长度的10%不得分;咬边深度>0.5 mm不得分
	用直径等于0.85倍管内径的钢球进行通球试验	10	通球检验不合格不得分
	焊缝余高0~3 mm;焊缝余高差≤3 mm;焊缝宽度比坡口每侧增宽0.5~1.5 mm;焊缝宽度差≤3 mm	14	每超标一处扣4分,扣完为止
	错边量≤0.1δ	5	超标不得分
	外观成形美观、焊纹均匀、细密、高低宽窄一致	6	焊缝平整,焊纹不均匀,扣2分;外观成形一般,焊缝平直,局部高低宽窄不一致,扣4分;焊缝弯曲,高低宽窄明显不一致,有表面焊接缺陷,不得分
3. 内部质量	X射线探伤检验(JB 4730)	30	Ⅰ级片不扣分,Ⅱ级片扣7分,Ⅲ级片扣15分,Ⅲ级以下不得分
4. 否定项	焊缝出现裂纹、未熔合、烧穿缺陷;焊接操作时,随意改变试件操作位置;焊缝原始表面被破坏		出现任何一项,按零分处理
5. 安全文明生产	严格按操作规程操作		劳保用品穿戴不全,扣2分;焊接过程中有违反操作规程的现象,根据情况扣2~5分;焊接完毕,场地清理不干净,工具码放不整齐,扣3分
合计		100	

【题目3】管径 ϕ<60 mm 的低合金钢管对接,垂直固定手工钨极氩弧焊

1. 考核要求

(1) 必须穿戴劳动保护用品。

(2) 必备的工具、用具准备齐全。

(3) 焊前将试件坡口处的铁锈、油污、氧化膜清理干净,使其露出金属光泽。

(4) 单面焊双面成形。

(5) 组对时错边量应控制在允许的范围内。

(6) 定位装配后,将装配好的试件固定在操作架上。试件一经施焊不得改变焊接位置。

(7) 焊接完毕,关闭焊机,焊缝表面清理干净,并保持焊缝原始状态,不允许补焊、返修及修磨。场地清理干净,工具摆放整齐。

(8) 符合安全文明生产要求。

2. 准备工作

(1) 材料准备见下表。

序号	名称	规格	数量	备注
1	20钢管	ϕ42 mm×100 mm×5 mm	2件/人	坡口角度60°~65°,壁厚为5 mm
2	H08Mn2SiA焊丝	ϕ2.5 mm	2 m/人	焊前清理焊丝表面的油、锈,露出金属光泽
3	氩气	40 L	1瓶/工位	
4	钨极 WCe-20	ϕ2.5 mm	1根/人	

试件形状及尺寸如下图所示。

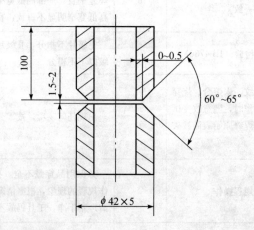

(2) 设备准备见下表。

序号	名称	规格	数量	备注
1	氩弧焊焊机	NSA-300	1台/工位	鉴定站准备
2	氩气减压流量调节器	根据实际情况确定	1台/工位	鉴定站准备

(3) 工具、量具准备见下表。

序号	名称	规格	数量	备注
1	焊接检验尺	HJC-40	不少于3把	鉴定站准备
2	钢直尺	≥200 mm	不少于3把	鉴定站准备
3	放大镜	5倍	不少于3把	鉴定站准备
4	钢印		2套	鉴定站准备
5	电焊面罩	自定	1个	考生准备
6	电焊手套	自定	1副	考生准备
7	锉刀	自定	1把	考生准备
8	敲渣锤	自定	1把	考生准备
9	手锤	自定	1把	考生准备
10	錾子	自定	1把	考生准备
11	钢丝刷	自定	1把	考生准备
12	角向磨光机	自定	1台	考生准备
13	砂布	自定	自定	考生准备

3. 考核时限

(1) 基本时间：准备时间 5 min，正式操作时间 30 min（不包括组对时间）。

(2) 时间允差：提前完成操作不加分，超时停止操作。

4. 评分项目及标准

评分项目	评分要素	配分	评分标准及扣分
1. 准备工作	工具、用具准备齐全	10	自备工具每少一件扣2分，扣完为止
2. 焊缝外观	焊缝表面不允许有焊瘤、气孔、烧穿、夹渣等缺陷	10	出现任何一种缺陷不得分
	焊缝咬边深度≤0.5 mm，两侧咬边总长度不超过焊缝有效长度的10%	15	焊缝咬边深度≤0.5 mm，累计长度每5 mm扣1分；累计长度超过焊缝有效长度的10%不得分；咬边深度>0.5 mm不得分
	用直径等于0.85倍管内径的钢球进行通球试验	10	通球检验不合格不得分
	焊缝余高 0~3 mm；焊缝余高差≤3 mm；焊缝宽度比坡口每侧增宽 0.5~1.5 mm；焊缝宽度差≤3 mm	14	每超标一处扣4分，扣完为止
	错边量≤0.1δ	5	超标不得分

续表

评分项目	评分要素	配分	评分标准及扣分
2. 焊缝外观	外观成形美观，焊纹均匀、细密、高低宽窄一致	6	焊缝平整，焊纹不均匀，扣2分；外观成形一般，焊缝平直，局部高低宽窄不一致，扣4分；焊缝弯曲，高低宽窄明显不一致，有表面焊接缺陷，不得分
3. 内部质量	X射线探伤检验（JB 4730）	30	Ⅰ级片不扣分，Ⅱ级片扣7分，Ⅲ级片扣15分，Ⅲ级以下不得分
4. 否定项	焊缝出现裂纹、未熔合、烧穿缺陷；焊接操作时，随意改变试件操作位置；焊缝原始表面被破坏		出现任何一项，按零分处理
5. 安全文明生产	严格按操作规程操作		劳保用品穿戴不全，扣2分；焊接过程中有违反操作规程的现象，根据情况扣2~5分；焊接完毕，场地清理不干净，工具码放不整齐，扣3分
	合计	100	

第4章 埋 弧 焊

考 核 要 点

操作技能考核范围	考核要点	重要程度
低碳钢板的平焊对接双面埋弧焊	厚度 δ=14 mm 的低合金板平焊对接双面埋弧焊	★★★
低合金钢板的双丝埋弧焊（背部加衬垫）	厚度 δ=20 mm 的低合金板双丝埋弧焊	★★★
不锈钢覆层的带极埋弧堆焊（背部加衬垫）	厚度 δ=30 的不锈钢板覆层带极埋弧堆焊	★★

注：表中"重要程度"中，"★"为重要程度级别最低，"★★★"为重要程度级别最高。

辅导练习题

【题目1】 厚度 δ=14 mm 的低合金钢板平焊对接双面埋弧焊

1. 考核要求

(1) 必须穿戴劳动保护用品。

(2) 试件坡口形式：I形。

(3) 焊前将试件坡口及两侧 20 mm 范围内的铁锈、油污、氧化物等清理干净，使其露出金属光泽。

(4) 装配间隙为 2 mm，终端 3 mm。

(5) 定位焊缝位于试件的首尾两处，试件两端加引弧板和引出板，并做定位焊。试件反变形量为 3°。

(6) 焊接位置为平焊。

(7) 定位装配后，将装配好的试件固定在操作架上。试件一经施焊不得改变焊接位置。

(8) 焊接完毕，关闭焊机，焊缝表面清理干净，并保持焊缝原始状态，不允许补焊、返修及修磨。场地清理干净，工具摆放整齐。

(9) 符合安全文明生产要求。

2. 准备工作

(1) 材料准备见下表。

序号	名称	规格	数量	备注
1	Q345 钢板	400 mm×200 mm×14 mm	2件/人	板厚允许在 12～14 mm 范围内选取
2	定位焊条 E5015	ϕ4 mm	5根/人	
3	焊丝 H08MnA	ϕ5 mm	配供	
4	焊剂 HJ301		5kg/人	

试件形状及尺寸如下图所示。

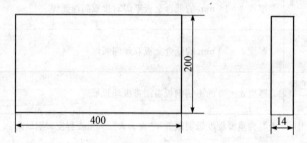

(2) 设备准备见下表。

序号	名称	规格	数量	备注
1	交流或直流焊机	根据实际情况确定	1台/工位	鉴定站准备
2	埋弧焊机	MZ-1000 型	1台/工位	鉴定站准备
3	焊剂烘干箱	根据实际情况确定	2台/鉴定站	鉴定站准备

(3) 工具、量具准备见下表。

序号	名称	规格	数量	备注
1	焊接检验尺	HJC-40	不少于3把	鉴定站准备
2	钢直尺	根据实际情况确定	不少于3把	鉴定站准备
3	放大镜	5倍	不少于3把	鉴定站准备
4	钢印		2套	鉴定站准备
5	电焊面罩	自定	1个	考生准备
6	电焊手套	自定	1副	考生准备
7	锉刀	自定	1把	考生准备
8	敲渣锤	自定	1把	考生准备
9	錾子	自定	1把	考生准备
10	钢丝刷	自定	1把	考生准备
11	角向磨光机	自定	1台	考生准备

3. 考核时限

(1) 基本时间：准备时间 25 min，正式操作时间 20 min（不包括组对时间）。

(2) 时间允差：操作超过额定时间 5 min（包括 5 min）以内扣总分 3 分，超时 5 min 以上本题零分。

4. 评分项目及标准

评分项目	评分要素	配分	评分标准及扣分
1. 准备工作	工具、用具准备齐全	10	自备工具每少一件扣 2 分，扣完为止
2. 焊缝外观	焊缝表面不允许有焊瘤、气孔、夹渣等缺陷	10	出现任何一种缺陷不得分
	焊缝咬边深度≤0.5 mm，两侧咬边总长度不超过焊缝有效长度的 10%	10	焊缝咬边深度≤0.5 mm，累计长度每 5 mm 扣 2 分；累计长度超过焊缝有效长度的 10% 不得分；咬边深度 >0.5 mm 不得分
	焊缝余高 0～4 mm，余高差≤2 mm，焊缝宽度比坡口每侧增宽 0.5～3.0 mm，宽度差≤3 mm	10	每种尺寸超标一处扣 1 分，扣完为止
	错边量≤0.1δ 且≤2 mm	5	超标不得分
	焊后角变形≤3°	5	超标不得分
	外观成形美观，焊纹均匀、细密、高低宽窄一致	10	焊缝平整，焊纹不均匀，扣 2 分；外观成形一般，焊缝平直，局部高低宽窄不一致，扣 3 分；焊缝弯曲，高低宽窄明显不一致，有表面焊接缺陷，不得分
3. 内部质量	X 射线探伤检验（JB 4730）	30	Ⅰ级片不扣分；Ⅱ级片扣 7 分；Ⅲ级片扣 15 分；Ⅲ级以下不得分
4. 否定项	焊缝出现裂纹、未熔合、烧穿缺陷；焊接操作时，随意改变试件操作位置；焊缝原始表面被破坏；超时 5 min 以上		出现任何一项，按零分处理
5. 安全文明生产	严格按操作规程操作	10	劳保用品穿戴不全，扣 2 分；焊接过程中有违反操作规程的现象，根据情况扣 2~5 分；焊接完毕，场地清理不干净，工具码放不整齐，扣 3 分
合计		100	

【题目 2】 厚度 $\delta=20$ mm 的低合金板双丝埋弧焊

1. 考核要求

(1) 必须穿戴劳动保护用品。

(2) 试件坡口形式：I 形。

(3) 焊前将试件坡口及两侧 20 mm 范围内的铁锈、油污、氧化物等清理干净，使其露出金属光泽。

(4) 间隙自定。

(5) 定位焊缝位于试件的首尾两处，组对时进行刚性固定。定位焊缝长度 50～60 mm。定位焊时允许采用反变形，试件两端加引弧板和引出板。

(6) 焊接位置为平焊。单面焊双面成形。

(7) 定位装配后，将装配好的试件固定在操作架上。试件一经施焊不得改变焊接位置。

(8) 焊接完毕，关闭焊机，焊缝表面清理干净，并保持焊缝原始状态，不允许补焊、返修及修磨。场地清理干净，工具摆放整齐。

(9) 符合安全文明生产要求。

2. 准备工作

(1) 材料准备见下表。

序号	名称	规格	数量	备注
1	Q345	500 mm×200 mm×20 mm	2 件/人	板厚允许在 18～20 mm 范围内选取
2	定位焊条 E4315	φ4 mm	5 根/人	烘干
3	焊丝 H08MnA	φ5 mm	配供	不允许有锈蚀
4	焊剂 SJ501		5 kg/人	烘干
5	埋弧焊用陶质衬垫		1 000 mm	

试件形状及尺寸如下图所示。

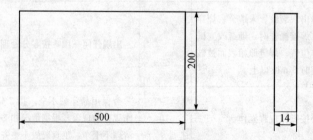

(2) 设备准备见下表。

序号	名称	规格	数量	备注
1	交流或直流焊机	根据实际情况确定	1 台/工位	鉴定站准备

续表

序号	名称	规格	数量	备注
2	埋弧焊机	MZ-1000-S	1台/工位	鉴定站准备
3	焊剂烘干箱	根据实际情况确定	2台/鉴定站	鉴定站准备

(3) 工具、量具准备见下表。

序号	名称	规格	数量	备注
1	焊接检验尺	HJC-40	不少于3把	鉴定站准备
2	钢直尺	根据实际情况确定	不少于3把	鉴定站准备
3	放大镜	5倍	不少于3把	鉴定站准备
4	钢印		2套	鉴定站准备
5	电焊面罩	自定	1个	考生准备
6	电焊手套	自定	1副	考生准备
7	锉刀	自定	1把	考生准备
8	敲渣锤	自定	1把	考生准备
9	錾子	自定	1把	考生准备
10	钢丝刷	自定	1把	考生准备
11	角向磨光机	自定	1台	考生准备

3. 考核时限

(1) 基本时间：准备时间 25 min，正式操作时间 30 min（不包括组对时间）。

(2) 时间允差：操作超过额定时间 5 min（包括 5 min）以内扣总分 3 分，超时 5 min 以上本题零分。

4. 评分项目及标准

评分项目	评分要素	配分	评分标准及扣分
1. 准备工作	工具、用具准备齐全	10	自备工具每少一件扣2分，扣完为止
2. 焊缝外观	焊缝表面不允许有焊瘤、气孔、夹渣等缺陷	10	出现任何一种缺陷不得分
	焊缝咬边深度≤0.5 mm，两侧咬边总长度不超过焊缝有效长度的10%	10	焊缝咬边深度≤0.5 mm，累计长度每5 mm扣2分；累计长度超过焊缝有效长度的10%不得分；咬边深度>0.5 mm不得分
	焊缝余高 0~4 mm，余高差≤2 mm，焊缝宽度比坡口每侧增宽 0.5~3.0 mm，宽度差≤3 mm	5	每种尺寸超标一处扣1分，扣完为止

续表

评分项目	评分要素	配分	评分标准及扣分
2. 焊缝外观	错边量≤0.1δ且≤2 mm	5	超标不得分
	焊后角变形≤3°	5	超标不得分
	外观成形美观，焊纹均匀、细密、高低宽窄一致	15	焊缝平整，焊纹不均匀，扣2分；外观成形一般，焊缝平直，局部高低宽窄不一致，扣3分；焊缝弯曲，高低宽窄明显不一致，有表面焊接缺陷，不得分
3. 内部质量	X射线探伤检验（JB 4730）	30	Ⅰ级片不扣分；Ⅱ级片扣7分；Ⅲ级片扣15分；Ⅲ级以下不得分
4. 否定项	焊缝出现裂纹、未熔合、烧穿缺陷；焊接操作时，随意改变试件操作位置；焊缝原始表面被破坏；超时5 min以上		出现任何一项，按零分处理
5. 安全文明生产	严格按操作规程操作	10	劳保用品穿戴不全，扣2分；焊接过程中有违反操作规程的现象，根据情况扣2~5分；焊接完毕，场地清理不干净，工具码放不整齐，扣3分
	合计	100	

【题目3】 厚度 $\delta=30$ mm 的不锈钢板覆层带极埋弧堆焊

1. 考核要求

（1）必须穿戴劳动保护用品。

（2）堆焊前应清理待堆焊表面，除去水分、铁锈等杂质。在堆焊前应测试焊接速度及烘干焊剂。

（3）定位焊缝位于试件的首尾两处，组对时进行刚性固定。定位焊缝长度50~60 mm。试件两端加引弧板和引出板。

（4）堆焊位置为平焊（1G）。

（5）堆焊厚度为4 mm。

（6）焊接完毕，关闭焊机，焊缝表面清理干净，并保持焊缝原始状态，不允许补焊、返修及修磨。场地清理干净，工具摆放整齐。

（7）符合安全文明生产要求。

2. 准备工作

（1）材料准备见下表。

序号	名称	规格	数量	备注
1	不锈钢板（S31603）	600 mm×400 mm×30 mm	2件/人	板厚允许在20～30 mm范围内选取
2	带极 H3081（H00Cr20Ni10）	ϕ0.5 mm×60 mm	配供	
3	焊剂 SJ305A		5kg/人	

试件形状及尺寸如下图所示。

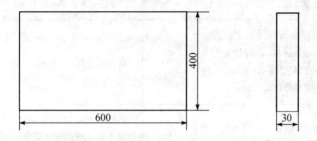

（2）设备准备见下表。

序号	名称	规格	数量	备注
1	交流或直流焊机	根据实际情况确定	1台/工位	鉴定站准备
2	埋弧焊机	MZ-1000 型	1台/工位	鉴定站准备
3	焊剂烘干箱	根据实际情况确定	2台/鉴定站	鉴定站准备

（3）工具、量具准备见下表。

序号	名称	规格	数量	备注
1	焊接检验尺	HJC-40	不少于3把	鉴定站准备
2	钢直尺	根据实际情况确定	不少于3把	鉴定站准备
3	放大镜	5倍	不少于3把	鉴定站准备
4	钢印		2套	鉴定站准备
5	电焊手套	自定	1副	考生准备
6	敲渣锤	自定	1把	考生准备
7	钢丝刷	自定	1把	考生准备
8	角向磨光机	自定	1台	考生准备

3. 考核时限

（1）基本时间：准备时间30 min，正式操作时间30 min（不包括组对时间）。

（2）时间允差：操作超过额定时间5 min（包括5 min）以内扣总分3分，超时5 min以上本题零分。

4. 评分项目及标准

评分项目	评分要素	配分	评分标准及扣分
1. 准备工作	工具、用具准备齐全	10	自备工具每少一件扣2分,扣完为止
2. 焊缝外观	焊缝表面不允许有气孔、夹渣等缺陷	20	出现任何一种缺陷不得分
	焊缝咬边深度≤0.5 mm,两侧咬边总长度不超过焊缝有效长度的10%	20	焊缝咬边深度≤0.5 mm,累计长度每5 mm扣1分;累计长度超过焊缝有效长度的10%不得分;咬边深度>0.5 mm不得分
	堆焊层厚度3.5~4.5 mm,厚度差≤1 mm,堆焊层长度为600 mm、宽度为400 mm,长度差和宽度差分别≤1 mm	20	每种尺寸超标一处扣1分,扣完为止
	外观成形美观,焊纹均匀、细密、高低宽窄一致	20	焊缝平整,焊纹不均匀,扣2分;外观成形一般,焊缝平直,局部高低宽窄不一致,扣3分;焊缝弯曲,高低宽窄明显不一致,有表面焊接缺陷,不得分
3. 否定项	焊缝出现裂纹、未熔合缺陷;焊接操作时,随意改变试件操作位置;焊缝原始表面被破坏;超时5 min以上		出现任何一项,按零分处理
4. 安全文明生产	严格按操作规程操作	10	劳保用品穿戴不全,扣2分;焊接过程中有违反操作规程的现象,根据情况扣2~5分;焊接完毕,场地清理不干净,工具码放不整齐,扣3分
合计		100	

第 5 章 气 焊

考 核 要 点

操作技能考核范围	考核要点	重要程度
管径 $\phi<60$ mm 的低碳钢管对接水平固定气焊和 45°固定气焊	管径 $\phi<60$ mm 的低碳钢管对接水平固定气焊	★★★
	管径 $\phi<60$ mm 的低碳钢管 45°固定气焊	★★★
管径 $\phi<60$ mm 的低合金钢管垂直固定气焊	管径 $\phi<60$ mm 的低合金钢管垂直固定气焊	★★★

注：表中"重要程度"中，"★"为重要程度级别最低，"★★★"为重要程度级别最高。

辅导练习题

【题目1】管径 $\phi<60$ mm 的 20 钢管对接水平固定气焊

1. 考核要求

（1）必须穿戴劳动保护用品。

（2）必备的工具、用具准备齐全。

（3）焊前将坡口处的油污、氧化膜清理干净，焊丝除锈。

（4）单面焊双面成形。

（5）错边量控制在允许范围内。

（6）严格按照规定位置进行焊接，不得随意变更。

（7）焊接结束后，焊缝表面要清理干净，并保持焊缝原始状态，不允许补焊、返修及修磨。

（8）操作过程符合安全文明生产要求。

2. 准备工作

（1）材料准备见下表。

序号	名称	规格	数量	备注
1	H12MnA 焊丝	φ2.5 mm	1.5 m/人	由鉴定站准备
2	20 钢管	φ35 mm×80 mm×6 mm	2 根/人	加工 30°坡口，由鉴定站准备

试件形状及尺寸如下图所示。

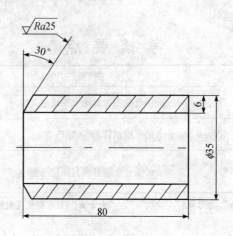

（2）设备准备见下表。

序号	名称	规格	数量	备注
1	氧气瓶、乙炔瓶		1 瓶/工位	由鉴定站准备
2	氧气胶管、乙炔胶管		1 根/工位	由鉴定站准备
3	氧气减压器、乙炔减压器	QD-1 型、QD-20 型	1 个/工位	由鉴定站准备
4	焊接工作台（架）		1 个/工位	由鉴定站准备

注：氧气瓶、乙炔瓶、胶管、减压器、焊接工作台（架）配套要齐全，工作布局合理。

（3）工具、量具准备见下表。

序号	名称	规格	数量	备注
1	射吸式焊炬	H01-6 型，3 号焊嘴	1 把/人	由鉴定站准备
2	焊接检验尺		不少于 3 把	由鉴定站准备
3	钢丝钳	200 mm	不少于 2 把	由鉴定站准备
4	护目镜	自定	1 副	由考生准备
5	通针		1 根	由考生准备
6	活扳手	250 mm	1 把	由考生准备
7	钢丝刷		1 把	由考生准备
8	砂布	60～80 号	适量	由考生准备

3. 考核时限

(1) 准备时间 5 min（不计入考试时间）。

(2) 正式操作时间 30 min。

(3) 提前完成操作不加分，超时停止操作。

4. 评分项目及标准

考试内容	评分要素	配分	评分标准及扣分
1. 准备工作	工具、用具准备齐全	10	自备工具每少一件扣5分
2. 焊缝外观	焊缝表面不允许有焊瘤、气孔、烧穿、夹渣缺陷	10	出现任何一种缺陷不得分
	焊缝咬边深度≤0.5 mm，两侧咬边总长度不超过焊缝有效长度的15%	15	焊缝咬边深度≤0.5 mm 时，累计咬边长度每5 mm 扣4分；累计长度超过焊缝有效长度的15%不得分；咬边深度＞0.5 mm 不得分
	用直径等于 0.85 倍管内径的钢球进行通球试验	10	通球检验不合格不得分
	焊缝余高 0~4 mm；焊缝宽度比坡口每侧增宽 0.5~2.5 mm；焊缝宽度差≤3 mm	10	每种尺寸超标一处扣2分，扣完为止
	错边量≤0.1δ	10	超标不得分
	外观成形美观、焊纹均匀、细密、高低宽窄一致	5	成形尚可，焊缝平直，扣2分；焊缝弯曲，高低宽窄不一致，有表面焊接缺陷不得分
3. 焊缝内部质量	X射线探伤检验（JB 4730）	30	Ⅰ级片不扣分；Ⅱ级片扣7分；Ⅲ级片扣15分；Ⅲ级以下不得分
4. 否定项	焊缝出现裂纹、未熔合缺陷；焊接操作时任意更改焊接位置；焊缝原始表面被破坏		出现任何一项，按零分处理
5. 安全文明生产	严格按操作规程操作		违反操作规程一项从总分中扣除5分；严重违规停止操作，成绩记零分
6. 考试时限	在规定时间内完成		超时停止操作
合计		100	

【题目2】管径 ϕ＜60 mm 的 20 钢管 45°固定气焊

1. 考核要求

(1) 必须穿戴劳动保护用品。

(2) 必备的工具、用具准备齐全。

(3) 焊前将坡口处的油污、氧化膜清理干净，焊丝除锈。

(4) 单面焊双面成形。

(5) 错边量控制在允许范围内。

(6) 严格按照规定位置进行焊接，不得随意变更。

(7) 焊接结束后，焊缝表面要清理干净，并保持焊缝原始状态，不允许补焊、返修及修磨。

(8) 操作过程符合安全文明生产要求。

2. 准备工作

(1) 材料准备见下表。

序号	名称	规格	数量	备注
1	H12MnA 焊丝	φ2.5 mm	1.5 m/人	由鉴定站准备
2	20 钢管	φ35 mm×80 mm×6 mm	2 根/人	加工 30°坡口，由鉴定站准备

试件形状及尺寸如下图所示。

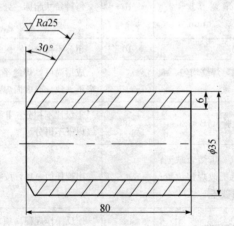

(2) 设备准备见下表。

序号	名称	规格	数量	备注
1	氧气瓶、乙炔瓶		1 瓶/工位	由鉴定站准备
2	氧气胶管、乙炔胶管		1 根/工位	由鉴定站准备
3	氧气减压器、乙炔减压器	QD-1 型、QD-20 型	1 个/工位	由鉴定站准备
4	焊接工作台（架）		1 个/工位	由鉴定站准备

注：氧气瓶、乙炔瓶、胶管、减压器、焊接工作台（架）配套要齐全，工作布局合理。

(3) 工具、量具准备见下表。

序号	名称	规格	数量	备注
1	射吸式焊炬	H01-6型，3号焊嘴	1把/人	由鉴定站准备
2	焊接检验尺		不少于3把	由鉴定站准备
3	钢丝钳	200 mm	不少于2把	由鉴定站准备
4	护目镜	自定	1副	由考生准备
5	通针		1根	由考生准备
6	活扳手	250 mm	1把	由考生准备
7	钢丝刷		1把	由考生准备
8	砂布	60～80号	适量	由考生准备

3. 考核时限

(1) 准备时间 5 min（不计入考试时间）。

(2) 正式操作时间 30 min。

(3) 提前完成操作不加分，超时停止操作。

4. 评分项目及标准

考试内容	评分要素	配分	评分标准及扣分
1. 准备工作	工具、用具准备齐全	10	自备工具每少一件扣5分
2. 焊缝外观	焊缝表面不允许有焊瘤、气孔、烧穿、夹渣缺陷	10	出现任何一种缺陷不得分
	焊缝咬边深度≤0.5 mm，两侧咬边总长度不超过焊缝有效长度的15%	15	焊缝咬边深度≤0.5 mm 时，累计咬边长度每5 mm扣4分；累计长度超过焊缝有效长度的15%不得分；咬边深度＞0.5 mm不得分
	用直径等于0.85倍管内径的钢球进行通球试验	10	通球不过不得分
	焊缝余高 0～4 mm；焊缝宽度比坡口每侧增宽 0.5～2.5 mm；焊缝宽度差≤3 mm	10	每种尺寸超标一处扣2分，扣完为止
	错边量≤0.1δ	10	超标不得分
	外观成形美观，焊纹均匀、细密、高低宽窄一致	5	成形尚可，焊缝平直，扣2分；焊缝弯曲，高低宽窄不一致，有表面焊接缺陷不得分
3. 焊缝内部质量	X射线探伤检验（JB 4730）	30	Ⅰ级片不扣分；Ⅱ级片扣7分；Ⅲ级片扣15分；Ⅲ级以下不得分
4. 否定项	焊缝出现裂纹、未熔合缺陷；焊接操作时任意更改焊接位置；焊缝原始表面被破坏		出现任何一项，按零分处理

续表

考试内容	评分要素	配分	评分标准及扣分
5. 安全文明生产	严格按操作规程操作		违反操作规程一项从总分中扣除5分；严重违规停止操作，成绩记零分
6. 考试时限	在规定时间内完成		超时停止操作
	合计	100	

【题目3】 管径 $\phi<60$ mm 的 Q345 钢管垂直固定气焊

1. 考核要求

（1）必须穿戴劳动保护用品。

（2）必备的工具、用具准备齐全。

（3）焊前将坡口处的油污、氧化膜清理干净，焊丝除锈。

（4）单面焊双面成形。

（5）错边量控制在允许范围内。

（6）焊接过程中，试件位置不得随意变更。

（7）焊接结束后，焊缝表面要清理干净，并保持焊缝原始状态，不允许补焊、返修及修磨。

（8）操作过程符合安全文明生产要求。

2. 准备工作

（1）材料准备见下表。

序号	名称	规格	数量	备注
1	H08MnA 焊丝	$\phi 2.5$ mm	1.5 m/人	由鉴定站准备
2	Q345 钢管	$\phi 57$ mm×100 mm×6 mm	2 根/人	加工30°坡口，由鉴定站准备

试件形状及尺寸如下图所示。

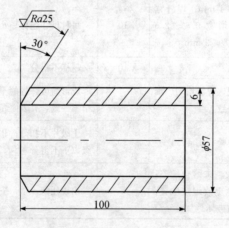

(2) 设备准备见下表。

序号	名称	规格	数量	备注
1	氧气瓶、乙炔瓶		1瓶/工位	由鉴定站准备
2	氧气胶管、乙炔胶管		1根/工位	由鉴定站准备
3	氧气减压器、乙炔减压器	QD-1型、QD-20型	1个/工位	由鉴定站准备
4	焊接工作台（架）		1个/工位	由鉴定站准备

注：氧气瓶、乙炔瓶、胶管、减压器、焊接工作台（架）配套要齐全，工作布局合理。

(3) 工具、量具准备见下表。

序号	名称	规格	数量	备注
1	射吸式焊炬	H01-12型，2号焊嘴	1把/人	由鉴定站准备
2	焊接检验尺		不少于3把	由鉴定站准备
3	钢丝钳	200 mm	不少于2把	由鉴定站准备
4	护目镜	自定	1副	由考生准备
5	通针		1根	由考生准备
6	活扳手	250 mm	1把	由考生准备
7	钢丝刷		1把	由考生准备
8	砂布	60~80号	适量	由考生准备

3. 考核时限

(1) 准备时间5 min（不计入考试时间）。

(2) 正式操作时间30 min。

(3) 提前完成操作不加分，超时停止操作。

4. 评分项目及标准

考试内容	评分要素	配分	评分标准及扣分
1. 准备工作	工具、用具准备齐全	10	自备工具每少一件扣5分
2. 焊缝外观	焊缝表面不允许有焊瘤、气孔、烧穿、夹渣缺陷	10	出现任何一种缺陷不得分
	焊缝咬边深度≤0.5 mm，两侧咬边总长度不超过焊缝有效长度的15%	20	焊缝咬边深度≤0.5 mm时，累计咬边长度每5 mm扣4分；累计长度超过焊缝有效长度的15%不得分；咬边深度>0.5 mm不得分
	用直径等于0.85倍管内径的钢球进行通球试验	10	通球不过不得分

续表

考试内容	评分要素	配分	评分标准及扣分
2. 焊缝外观	焊缝余高 0～4 mm；焊缝宽度比坡口每侧增宽 0.5～2.5 mm；焊缝宽度差≤3 mm	10	每种尺寸超标一处扣2分，扣完为止
	错边量≤0.1δ	5	超标不得分
	外观成形美观，焊纹均匀、细密、高低宽窄一致	5	成形尚可，焊缝平直，扣2分；焊缝弯曲，高低宽窄不一致，有表面焊接缺陷不得分
3. 焊缝内部质量	X射线探伤检验（JB 4730）	30	Ⅰ级片不扣分；Ⅱ级片扣7分；Ⅲ级片扣15分；Ⅲ级以下不得分
4. 否定项	焊缝出现裂纹、未熔合缺陷；焊接操作时任意更改焊接位置；焊缝原始表面被破坏		出现任何一项，按零分处理
5. 安全文明生产	严格按操作规程操作		违反操作规程一项从总分中扣除5分；严重违规停止操作，成绩记零分
6. 考试时限	在规定时间内完成		超时停止操作
	合计	100	

第6章 气 割

考 核 要 点

操作技能考核范围	考核要点	重要程度
低碳钢板手工气割	Q235钢板手工气割	★★★
不锈钢板空气等离子弧切割	12Cr18Ni9钢板等离子弧切割	★★★

注：表中"重要程度"中，"★"为重要程度级别最低，"★★★"为重要程度级别最高。

辅导练习题

【题目1】 Q235钢板手工气割

1. 考核要求

(1) 必须穿戴劳动保护用品。

(2) 必备的工具、用具准备齐全。

(3) 将待割处的油污、铁锈清理干净。

(4) 按操作规程操作。

(5) 严格按规定位置进行气割，不得随意更改。

(6) 切割位置准确，切割尺寸达到受检尺寸。

(7) 切口平直，无明显挂渣、塌角，割纹均匀。

(8) 气割结束后，气割表面要清理干净，并保持割缝原始状态。

(9) 符合安全文明生产要求。

2. 准备工作

(1) 材料准备见下表。

序号	名称	规格	数量	备注
1	Q235钢板	450 mm×300 mm×50 mm	1块/人	剪板机剪切，由鉴定站准备

试件形状及尺寸如下图所示。

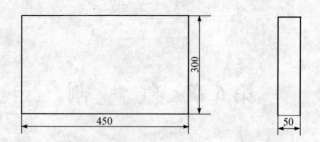

(2) 设备准备见下表。

序号	名称	规格	数量	备注
1	氧气瓶、乙炔瓶		1瓶/工位	由鉴定站准备
2	氧气胶管、乙炔胶管		1根/工位	由鉴定站准备
3	氧气减压器、乙炔减压器	QD-1型、QD-20型	1个/工位	由鉴定站准备
4	切割专用平台（架）		1个/工位	由鉴定站准备

(3) 工具、量具准备见下表。

序号	名称	规格	数量	备注
1	射吸式割炬	G01-100型，3号割嘴	1把/人	由鉴定站准备
2	焊接检验尺		不少于3把	由鉴定站准备
3	钢丝钳	200 mm	不少于2把	由鉴定站准备
4	手锤		不少于2把	由鉴定站准备
5	护目镜	自定	1副	由考生准备
6	通针		1根	由考生准备
7	活扳手	250 mm	1把	由考生准备
8	钢直尺	0～500 mm	1把	由考生准备
9	样冲		1个	由考生准备
10	石笔		1支	由考生准备

3. 考核时限

(1) 基本时间：准备时间 5 min，正式操作时间 30 min（不包括准备时间）。

(2) 时间允差：操作超过额定时间 5 min（包括 5 min）以内扣总分 3 分，超时 5 min 以上本题零分。

4. 评分项目及标准

评分项目	评分要素	配分	评分标准
1. 准备工作	工具、用具准备齐全	10	自备工具每少一件扣5分
2. 割透状态	要求一次割完	20	气割次数为2次扣5分;气割次数为3次扣10分;气割次数超过3次不得分
3. 试件下料尺寸精度	保证割件尺寸	20	每超差1 mm扣5分,超差2 mm扣10分;超差3 mm不得分
4. 切割面质量	平面度误差≤0.4 mm	10	平面度超差不得分
	粗糙度≤0.3 mm	10	粗糙度>0.3 mm不得分
	允许有条状挂渣,可铲除	10	挂渣较难清除,清除后留有残渣不得分
	上缘塌边宽度S≤1 mm	10	1 mm<S≤1.5 mm扣5分;S>1.5 mm不得分
	直线度P为2 mm	10	2 mm<P≤3 mm扣3分;3 mm<P≤4 mm扣5分;P>4 mm不得分
5. 否定项	回火烧毁割嘴;焊缝原始表面破坏		出现任何一处,按零分处理
6. 安全文明生产	严格按操作规程操作		违反操作规程一项从总分中扣除5分;严重违规停止操作,成绩记零分
7. 考试时限	在规定时间内完成		超时停止操作
合计		100	

【题目2】 12Cr18Ni9钢板等离子弧切割

1. 考核要求

(1) 必须穿戴劳动保护用品。

(2) 必备的工具、用具准备齐全。

(3) 检查切割机各处接线是否正确、牢固可靠。

(4) 将待割处的油污、铁锈清理干净。

(5) 严格按规定位置进行气割,不得随意更改。

(6) 割缝位置准确,切割尺寸达到受检尺寸。

(7) 切口平直,无明显挂渣、塌角,割纹均匀。

(8) 气割结束后,气割表面要清理干净,并保持切口原始状态。

(9) 符合安全文明生产要求。

2. 准备工作

(1) 材料准备见下表。

序号	名称	规格	数量	备注
1	12Cr18Ni9 钢板	200 mm×500 mm×20 mm	1块/人	剪板机剪切，由鉴定站准备
2	钨极导电嘴	同机型号	2件/人	由鉴定站准备

试件形状及尺寸如下图所示。

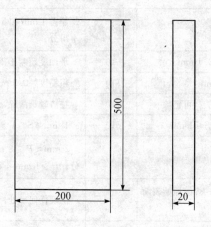

（2）设备准备见下表。

序号	名称	规格	数量	备注
1	空气等离子切割机	KLG-80	1台/工位	由鉴定站准备
2	空气压缩机	JH-0.5/7	1台/工位	由鉴定站准备
3	多柱支架式工作台（架）		1个/工位	由鉴定站准备

（3）工具、量具准备见下表。

序号	名称	规格	数量	备注
1	空气等离子割炬	同机型号	1把	由鉴定站准备
2	活扳手	250 mm	1把	由鉴定站准备
3	手锤		1把	由鉴定站准备
4	样冲		1个	由鉴定站准备
5	砂布	100号	1根	由鉴定站准备
6	钢丝刷		1把	由鉴定站准备
7	钢直尺	500 mm	1把	由鉴定站准备
8	直角尺		1个	由鉴定站准备
9	石笔		1支	由鉴定站准备

3. 考核时限

(1) 准备时间：5 min（不计入考试时间）。

(2) 正式操作时间：30 min。

(3) 提前完成操作不加分，超时停止操作。

4. 评分项目及标准

评分项目	评分要素	配分	评分标准
1. 准备工作	工具、用具准备齐全	10	自备工具每少一件扣 5 分
2. 割透状态	要求一次割完	20	气割次数为 2 次扣 5 分；气割次数为 3 次不得分
3. 试件下料尺寸精度	保证割件尺寸	20	每超差 1 mm 扣 5 分；超差 2 mm 扣 10 分；超差 3 mm 不得分
4. 切割面质量	平面度误差≤0.6 mm	10	平面度误差＞0.6 mm 扣 5 分；平面度误差＞1.2 mm 不得分
	粗糙度≤0.3 mm	10	粗糙度＞0.3 mm 不得分
	允许有条状挂渣，可铲除	10	挂渣较难清除，清除后留有残迹不得分
	上缘塌边宽度 S≤1 mm	10	1 mm＜S≤2 mm 扣 5 分；S＞2 mm 不得分
	直线度 P 为 2 mm	10	2 mm＜P≤3 mm 扣 5 分；P＞3 mm 不得分
5. 否定项	回火烧毁割嘴；切口原始表面破坏		出现任何一处，按零分处理
6. 安全文明生产	严格按操作规程操作		违反操作规程一项从总分中扣除 5 分；严重违规停止操作，成绩记零分
7. 考试时限	在规定时间内完成		超时停止操作
合计		100	

第3部分 模拟试卷

中级焊工理论知识考试模拟试卷

一、判断题（下列判断正确的请在括号中打"√"，错误的请在括号内打"×"）

1. 为了提高电弧的稳定性，一般多采用电离电位较高的碱金属及碱土金属的化合物作为稳弧剂。（　）
2. 酸性焊条的飞溅要比碱性焊条小。（　）
3. 对于碱性焊条，焊前一定要烘干；要采用直流正接；一定要短弧焊接。（　）
4. 咬边作为一种缺陷的主要原因是在咬边处会引起应力集中。（　）
5. 电弧电压是由弧长决定的，电弧长、电压低，电弧短、电压高。（　）
6. 颗粒过渡焊接的特点是电弧电压比较高，焊接电流比较大。（　）
7. CO_2气体保护焊电弧电压过高时将引起焊道变宽、变扁。（　）
8. 细丝CO_2气体保护焊一般采用直流电源。（　）
9. CO_2气体保护焊金属飞溅引起火灾的危险比其他焊接方法大。（　）
10. CO_2气体保护焊的送丝机有推丝式、拉丝式、推拉丝式三种形式。（　）
11. 钨极氩弧焊时，应在保证焊缝不产生裂纹的前提下，尽量减小热影响区的宽度。（　）
12. 低碳钢钨极氩弧焊一般选择直流反接。（　）
13. 手工钨极氩弧焊时，氮气是铜合金焊接时背部充气保护最安全的气体。（　）
14. 钨极氩弧焊必须采用圆形喷嘴对焊接区进行保护，不可选择扁状（如窄间隙钨极氩弧焊）或其他形状。（　）
15. 埋弧焊的焊接参数不包括焊接位置。（　）
16. 在衬垫上进行的埋弧焊，对接接头处不必留有一定宽度的间隙。（　）
17. 焊接铝合金时，由于合金元素易蒸发，所以接头强度一般小于母材强度。（　）

18. 右焊法与左焊法相比其焊缝金属更容易被氧化。（ ）
19. 一般等离子弧切割时都采用直流反接。（ ）
20. 激光汽化切割不适用于切割极薄金属材料和非金属材料。（ ）

二、单项选择题（下列每题有 4 个选项，其中只有 1 个是正确的，请将其代号填写在横线空白处）

1. 在正常焊接参数内，焊条熔化速度与_____成正比。
   A. 焊接电流　　　　　　　　B. 焊接速度
   C. 焊条直径　　　　　　　　D. 电弧电压

2. 表示焊条金属熔化特性的主要参数是_____。
   A. 熔化速度　　　　　　　　B. 熔合比
   C. 成形系数　　　　　　　　D. 焊缝形状系数

3. 熔焊时焊道与母材之间或焊道与焊道之间未完全熔化结合的缺陷称为_____。
   A. 未焊透　　　　　　　　　B. 未熔合
   C. 烧穿　　　　　　　　　　D. 咬边

4. 造成电弧磁偏吹的原因是_____。
   A. 焊条偏心　　　　　　　　B. 焊工技术不好
   C. 磁场的作用　　　　　　　D. 气流的干扰

5. 不锈钢焊条比碳钢焊条选用电流小_____左右。
   A. 5%　　　　　　　　　　　B. 10%
   C. 15%　　　　　　　　　　D. 20%

6. 低碳钢管垂直固定焊的操作要点是_____。
   A. 上、下焊道焊接速度要快　　B. 上、下焊道焊接速度要慢
   C. 上、中、下焊道焊接速度要慢　D. 中间焊道焊接速度要快

7. 碱性焊条的烘干温度通常为_____℃。
   A. 75～150　　　　　　　　　B. 250～300
   C. 350～400　　　　　　　　D. 450～500

8. 焊出来的焊缝余高较大，采用_____形运条法。
   A. 直线　　　　　　　　　　B. 锯齿
   C. 月牙　　　　　　　　　　D. 以上都可

9. 厚度 $\delta=12$ mm 的低碳钢板或低合金钢板对接平焊，要求单面焊双面成形，采用灭弧法打底焊时，使电弧的_____压住熔池。
   A. 1/2　　　　　　　　　　　B. 1/3

C. 2/3　　　　　　　　　　　　D. 2/5

10. 热影响区的性能常用热影响区的_____间接判断。
　　A. 组织分布　　　　　　　　B. 最高硬度
　　C. 宽度　　　　　　　　　　D. 冷却条件

11. 单面焊双面成形按其操作手法大体上可分为_____两大类。
　　A. 连弧法和断弧法　　　　　B. 两点击穿法和一点击穿法
　　C. 左焊法和右焊法　　　　　D. 冷焊法和热焊法

12. 在重要的焊接结构上咬边_____。
　　A. 是允许存在的　　　　　　B. 允许深度小于1 mm
　　C. 是不允许存在的　　　　　D. 允许深度超过0.5 mm

13. H08Mn2SiA焊丝中的"Mn2"表示_____。
　　A. 含锰量为0.02%　　　　　 B. 含锰量为0.2%
　　C. 含锰量为2%　　　　　　　D. 含锰量为20%

14. 细丝CO_2焊时，熔滴过渡形式一般都是_____。
　　A. 短路过渡　　　　　　　　B. 细颗粒过渡
　　C. 粗滴过渡　　　　　　　　D. 喷射过渡

15. 目前CO_2焊主要用于_____的焊接。
　　A. 低碳钢与低合金钢　　　　B. 铝及铝合金
　　C. 铜及铜合金　　　　　　　D. 钛及钛合金

16. 气电立焊，多采用_____，可以通过电弧电压的反馈来控制行走机构。
　　A. 陡降特性　　　　　　　　B. 平特性
　　C. 上升特性　　　　　　　　D. 垂直上升特性

17. CO_2焊的焊丝直径不应根据_____等条件来选择。
　　A. 焊件厚度　　　　　　　　B. 焊件尺寸
　　C. 生产率的要求　　　　　　D. 电源极性

18. 细丝CO_2气体保护焊机一般具有_____特性。
　　A. 交流　　　　　　　　　　B. 高频
　　C. 低频　　　　　　　　　　D. 恒压

19. 短路过渡焊接短路现象肉眼是_____的。
　　A. 能看到　　　　　　　　　B. 不一定看到
　　C. 看不到　　　　　　　　　D. 一会看到一会看不到

20. 对于短路过渡来说，如果焊嘴与母材之间的距离变长，则短路次数将减少，电弧将变得_____。
A. 稳定　　　　　　　　　　　　B. 不稳定
C. 较稳定　　　　　　　　　　　D. 不变

21. 在 CO_2 气体保护焊中使用的是具有恒定电压特性的电源，_____是通过调节送丝速度进行调节的。
   A. 电流　　　　　　　　　　　B. 电压
   C. 速度　　　　　　　　　　　D. 电弧高度

22. 钨极氩弧焊正火区又称细晶区或相变重结晶区。该区在焊接加热时，加热温度范围对于低碳钢为_____。
   A. 900～1 100℃　　　　　　　B. 1000～1 300℃
   C. 900～1 500℃　　　　　　　D. 727～927℃

23. 钨极氩弧焊时，氢是焊缝中的有害元素，它会产生许多有害的作用。下面说法不正确的是_____。
   A. 氢脆性　　　　　　　　　　B. 白点
   C. 硬度降低　　　　　　　　　D. 气孔

24. 按我国现行规定，氩气的纯度应达到_____才能满足焊接的要求。
   A. 98.5%　　　　　　　　　　 B. 99.5%
   C. 99.95%　　　　　　　　　　D. 99.99%

25. 下列低碳钢管板手工钨极氩弧焊焊接接头产生夹钨缺陷的预防措施中，不正确的是_____。
   A. 适当减少钨极伸出长度　　　B. 改善填丝手法
   C. 适当加大焊接电流　　　　　D. 增加引弧装置

26. 低碳钢管板手工钨极氩弧焊通常使用的喷嘴直径一般取_____为宜。
   A. 5～8 mm　　　　　　　　　 B. 8～20 mm
   C. 15～25 mm　　　　　　　　 D. 25～30 mm

27. 管径 $\phi<60$ mm 的低碳钢管板垂直俯位手工钨极氩弧焊，焊接时要注意观察熔池，保证熔孔的大小一致，防止管子烧穿，若发现熔孔变大，不可选用_____方法，使熔孔变小。
   A. 加大焊炬与孔板间的夹角
   B. 减小焊接速度
   C. 减少电弧在管子坡口侧的停留时间
   D. 减小焊接电流

28. 骑座式管板焊接难度较大，下列说法中不正确的是_____。
    A. 单面焊双面成形   B. 焊缝正面均匀美观
    C. 焊脚尺寸对称   D. 坡口两侧导热情况相同

29. WS-250 型焊机是_____焊机。
    A. 交流钨极氩弧焊   B. 直流钨极氩弧焊
    C. 交直流钨极氩弧焊   D. 熔化极氩弧焊

30. 小直径管对接垂直固定手工钨极氩弧焊试件的焊接，焊接速度太慢会出现焊接缺陷。因此，属于焊接操作禁忌。焊接缺陷中不包括_____。
    A. 焊道过宽   B. 焊瘤或烧穿
    C. 余高过大   D. 焊波脱节

31. 钨极直径太小、焊接电流太大时，容易产生_____焊接缺陷。
    A. 冷裂纹   B. 未焊透
    C. 热裂纹   D. 夹钨

32. 按送丝方式不同，埋弧焊机可分为_____两类。
    A. 通用和专用   B. 单丝和多丝
    C. 丝极和带极   D. 等速送丝和变速送丝

33. 变速送丝式埋弧焊自动焊机的自动调节原理，主要是引入_____的反馈。
    A. 焊接电流   B. 电弧电压
    C. 送丝速度   D. 焊接速度

34. 埋弧焊时，从提高生产率的角度考虑的是_____。
    A. 焊接热输入越大，生产率越低   B. 焊接热输入越大，生产率越高
    C. 焊接热输入不影响焊接效率   D. 焊接速度越快，生产率越高

35. 低碳钢埋弧焊时，当含碳量大于 0.20%，含硫量大于_____，板厚大于 16 mm 时，采用不开坡口对接，焊缝中心可能产生热裂纹。
    A. 0.01%   B. 0.015%
    C. 0.02%   D. 0.03%

36. 低合金耐热钢埋弧焊的焊丝，其_____的含量应该和母材钢种的含量基本接近。
    A. C、Cr   B. Cr、Mo
    C. C、Mo   D. Mo、V

37. 低合金耐热钢 12Cr1MoV 埋弧焊选用的焊丝为_____。
    A. H08MnMoA   B. H10CrMoA
    C. H08CrMoVA   D. H13CrMoA

38. 对于低合金无镍低温钢的埋弧焊不预热，只有在板厚大于_____或焊接接头的刚性拘束较大时，才考虑预热至 100～150℃。

    A. 12 mm   B. 16 mm

    C. 18 mm   D. 25 mm

39. 奥氏体不锈钢埋弧焊选用焊丝时，首先考虑焊丝成分和母材成分接近，由于焊接过程中要烧损，焊丝中_____的含量应多于母材。

    A. 锰   B. 钒

    C. 钼   D. 铬

40. 低合金耐热钢埋弧焊焊丝中的含碳量应控制在_____范围内。

    A. 0.02%～0.04%   B. 0.04%～0.08%

    C. 0.08%～0.16%   D. 0.16%～0.32%

41. 钢碳当量值越大，其_____敏感性越大。

    A. 热裂纹   B. 冷裂纹

    C. 抗气孔   D. 层状撕裂

42. 气焊低碳钢时，采用 H08Mn2Si 焊丝与采用 H08A 焊丝相比，产生一氧化碳气孔的可能性_____。

    A. 大   B. 小

    C. 相等   D. 不确定

43. 铝合金气焊应尽量采用_____接头。

    A. 搭接   B. 对接

    C. T形   D. 套接

44. 低合金钢管垂直固定平焊时，最好采用_____。

    A. 左焊法、中性焰   B. 左焊法、氧化焰

    C. 右焊法、中性焰   D. 右焊法、碳化焰

45. 焊接水平转动管子时，第一层_____。

    A. 必须采用穿孔焊法   B. 必须采用非穿孔焊法

    C. 采用穿孔焊法或非穿孔焊法   D. 必须焊满

46. Q345（16Mn）钢与 Q390（15MnV）钢的共同点不包括_____。

    A. 都为低合金高强钢   B. 最低屈服强度≥390MPa

    C. 都含有 Mn 元素   D. 最低屈服强度≥345MPa

47. 为了防止裂纹的产生，应当_____。

    A. 增加焊丝的含碳量   B. 焊前预热，焊后缓冷

C. 增加焊丝中 S、P 含量　　　　　D. 不烘干焊剂

48. 铝气焊熔剂的牌号是_____。
    A. CJ101　　　　　　　　　　　B. CJ201
    C. CJ301　　　　　　　　　　　D. CJ401

49. 钎焊铝合金时，预热温度一般为_____。
    A. 200℃　　　　　　　　　　　B. 300℃
    C. 450℃　　　　　　　　　　　D. 550℃

50. 铝及铝合金的钎焊可将钎料用_____调成膏状使用。
    A. 油　　　　　　　　　　　　　B. 碱
    C. 酸　　　　　　　　　　　　　D. 水

51. 铝合金的焊前准备工作包括_____。
    A. 采用搭接接头　　　　　　　　B. 不清理焊丝
    C. 选用 CJ301　　　　　　　　　D. 焊前清理焊丝和工件表面

52. 等离子弧焊中，当冷状态的保护气体以较高的流速经弧柱区时，对弧柱会产生_____。
    A. 冷收缩效应　　　　　　　　　B. 机械压缩
    C. 热收缩效应　　　　　　　　　D. 磁收缩效应

53. 等离子弧有_____三种。
    A. 转移弧、直接弧、间接弧　　　B. 直接弧、间接弧、非转移弧
    C. 转移弧、非转移弧、联合弧　　D. 双弧、直接弧、间接弧

54. 空气等离子弧切割采用_____作为常用气体。
    A. 氩气　　　　　　　　　　　　B. 氧气
    C. 氮气　　　　　　　　　　　　D. 压缩空气

55. 高速切割后，切口的表面硬度_____母材。
    A. 等于　　　　　　　　　　　　B. 低于
    C. 高于　　　　　　　　　　　　D. 远低于

56. 利用激光器使工作物质受激而产生一种单色性高、方向性强及亮度高的光束，通过聚焦后集中成一小斑点，聚焦后光束功率_____极高。
    A. 能量　　　　　　　　　　　　B. 密度
    C. 值　　　　　　　　　　　　　D. 效率

57. 激光切割聚焦斑点上的功率密度可达_____W/cm^2。
    A. $10\sim10^3$　　　　　　　　　B. $10^3\sim10^5$

C. $10^5 \sim 10^7$ D. $10^7 \sim 10^{11}$

58. 激光加热的范围小于 1 _____，在同样的焊接厚度条件下，焊接速度更高。

   A. mm   B. cm
   C. μm D. nm

59. 气割厚钢板时，如发现有割不透现象应立即_____。

   A. 加大氧气流量   B. 加大乙炔流量
   C. 停止气割，从切口处起割   D. 停止气割，从另一侧起割

60. 切割面的表面粗糙度是指_____之间的距离。

   A. 波峰与波谷   B. 波峰与平均值
   C. 波谷与平均值   D. 波峰与基准线

61. 与碳弧气刨相比，使用气割清根_____。

   A. 设备复杂   B. 生产效率较低
   C. 灵活性差   D. 技术不容易掌握

62. CO_2 激光切割机的组成系统是_____。

   A. 激光聚焦和电源系统   B. 激光光源和感光系统
   C. 感光系激光器和电源系统   D. 感光系聚焦和电源系统

63. 等离子弧切割采用高频振荡器引弧，引弧频率选择_____较为合适。

   A. $20 \sim 60$ Hz   B. $20 \sim 60$ kHz
   C. $200 \sim 600$ kHz   D. $200 \sim 600$ Hz

64. 采用酸性焊条焊接薄钢板、铸铁、有色金属时，为防止烧穿和降低熔合比等，通常采用_____。

   A. 交流   B. 直流正接
   C. 直流反接   D. 任意

65. 所谓短弧是指弧长为焊条直径的_____倍。

   A. $0.5 \sim 1$ B. $1 \sim 1.5$
   C. $1.5 \sim 2$ D. $2 \sim 2.5$

66. 采用焊条电弧焊焊接淬硬倾向较大的钢材时最好采用_____引弧。

   A. 敲击法   B. 划擦法
   C. 非接触法   D. 高频

67. 为了防止焊缝产生气孔，要求 CO_2 气瓶内的压力不低于_____MPa。

   A. 0.098   B. 0.98
   C. 4.8   D. 9.8

68. CO_2 焊的焊丝伸出长度通常取决于_____。

　　A. 焊丝直径　　　　　　　　B. 焊接电流
　　C. 电弧电压　　　　　　　　D. 焊接速度

69. 如焊丝电流达到某个值（临界电流），熔滴将以非常细的形态过渡，电弧周围将产生高速度的气流（等离子体流），这种状态被称作_____电弧。

　　A. 喷射　　　　　　　　　　B. 块状
　　C. 球状　　　　　　　　　　D. 线状

70. 钨极氩弧焊时，硫能促使焊缝金属形成_____，降低焊缝金属的抗冲击性和耐腐蚀性。

　　A. 冷裂纹　　　　　　　　　B. 热裂纹
　　C. 气孔　　　　　　　　　　D. 夹渣

71. 管径 $\phi<60$ mm 的低碳钢管板垂直俯位手工钨极氩弧焊，焊接时为防止管子咬边，采取的措施中不正确的是_____。

　　A. 电弧可稍离开管壁　　　　B. 从熔池前上方填加焊丝
　　C. 使电弧更多地偏向管壁　　D. 适当减小焊接电流

72. 低温钢埋弧焊时，通常采用小的焊接参数，焊接电流不大于_____A，焊接热输入不大于 25kJ/cm。

　　A. 400　　　　　　　　　　 B. 500
　　C. 600　　　　　　　　　　 D. 700

73. 异种钢埋弧焊的焊接质量，在很大程度上取决于_____。

　　A. 所用的焊接参数　　　　　B. 所用的坡口形式
　　C. 预热和焊后热处理温度　　D. 所选用的焊丝和焊剂

74. 下列牌号中_____是纯铝。

　　A. L1　　　　　　　　　　　B. LF6
　　C. LD2　　　　　　　　　　 D. LY3

75. 铝用软钎剂按照去除氧化膜的方式可分为_____。

　　A. 有机钎剂和无机钎剂　　　B. 有机钎剂和反应钎剂
　　C. 反应钎剂和无机钎剂　　　D. 非反应钎剂和反应钎剂

76. 气焊时要根据_____来选择焊接火焰的类型。

　　A. 焊丝材料　　　　　　　　B. 母材材料
　　C. 焊剂材料　　　　　　　　D. 气体材料

77. 不能有效防止低合金钢焊接时产生热裂纹的措施是_____。

A. 选择适当的焊丝　　　　　　　　B. 厚大件采用多道焊
C. 选择合理的装焊顺序和方向　　　D. 加快焊接速度

78. 等离子弧切割功率是指_____。
A. 电压　　　　　　　　　　　　　B. 气体流量
C. 电流　　　　　　　　　　　　　D. 电压与电流的乘积

79. CO_2激光器工作气体的主要成分是_____。
A. CO_2、N_2、Ar　　　　　　　B. CO_2、O_2、He
C. CO_2、N_2、He　　　　　　　D. CO_2、O_2、Ar

80. 用激光焊焊接较厚的板材时，采用适当的_____离焦量，可以获得最大的熔深。
A. 正　　　　　　　　　　　　　　B. 负
C. 大　　　　　　　　　　　　　　D. 小

中级焊工理论知识考试模拟试卷参考答案

一、判断题

1. ×　2. √　3. ×　4. √　5. ×　6. √　7. √　8. √　9. √
10. √　11. √　12. ×　13. ×　14. ×　15. ×　16. ×　17. √　18. ×
19. ×　20. ×

二、单项选择题

1. A　2. A　3. B　4. C　5. D　6. A　7. C　8. C　9. C
10. B　11. A　12. C　13. B　14. A　15. A　16. A　17. D　18. D
19. C　20. B　21. A　22. A　23. C　24. D　25. C　26. B　27. B
28. D　29. B　30. D　31. D　32. D　33. B　34. B　35. D　36. B
37. C　38. D　39. D　40. C　41. B　42. B　43. B　44. A　45. C
46. B　47. B　48. D　49. C　50. D　51. B　52. B　53. C　54. C
55. C　56. B　57. B　58. A　59. D　60. B　61. B　62. B　63. B
64. C　65. A　66. A　67. B　68. A　69. A　70. B　71. C　72. C
73. D　74. A　75. B　76. B　77. D　78. D　79. C　80. B

中级焊工操作技能考核模拟试卷

实际操作题（每题 50 分，共 100 分）

【题目 1】 管径 $\phi \geqslant 76$ mm 的低碳钢管对接水平固定焊

1. 考核要求

(1) 必须穿戴劳动保护用品。

(2) 试件坡口形式：V 形。

(3) 焊前将试件坡口及两侧 20 mm 范围内的铁锈、油污、氧化物等清理干净，使其露出金属光泽。

(4) 间隙 3～4 mm。

(5) 定位焊缝位于管口 10 点、2 点的位置，两点定位。定位焊缝长度 $\leqslant 15$ mm。

(6) 焊接位置为全位置焊接。

(7) 定位装配后，将装配好的试件固定在操作架上。试件一经施焊不得改变焊接位置。

(8) 焊接完毕，关闭焊机，焊缝表面清理干净，并保持焊缝原始状态，不允许补焊、返修及修磨。场地清理干净，工具摆放整齐。

(9) 符合安全文明生产要求。

2. 准备工作

(1) 材料准备见下表。

序号	名称	规格	数量	备注
1	Q235A 钢管	$\phi 108$ mm $\times$ 120 mm $\times$ 8 mm	2 件/人	壁厚允许在 8～12 mm 范围内选取
2	E4303 焊条	$\phi 3.2$ mm	10 根/人	焊条可在 100～150℃ 范围内烘干，保温 1～1.5h

试件形状及尺寸如下图所示。

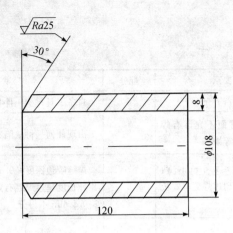

(2) 设备准备见下表。

序号	名称	规格	数量	备注
1	交流或直流焊机	根据实际情况确定	1台/工位	鉴定站准备
2	焊条烘干箱	根据实际情况确定	2台/鉴定站	鉴定站准备
3	焊条保温筒	根据实际情况确定	1个/工位	鉴定站准备

(3) 工具、量具准备见下表。

序号	名称	规格	数量	备注
1	焊接检验尺	HJC-40	不少于3把	鉴定站准备
2	钢直尺	根据实际情况确定	不少于3把	鉴定站准备
3	放大镜	5倍	不少于3把	鉴定站准备
4	钢印		2套	鉴定站准备
5	电焊面罩	自定	1个	考生准备
6	电焊手套	自定	1副	考生准备
7	锉刀	自定	1把	考生准备
8	敲渣锤	自定	1把	考生准备
9	錾子	自定	1把	考生准备
10	钢丝刷	自定	1把	考生准备
11	角向磨光机	自定	1台	考生准备

3. 考核时限

(1) 基本时间：准备时间 25 min，正式操作时间 45 min（不包括组对时间）。

(2) 时间允差：操作超过额定时间 5 min（包括 5 min）以内扣总分 3 分，超时 5 min 以上本题零分。

4. 评分项目及标准

评分项目	评分要素	配分	评分标准及扣分
1. 准备工作	工具、用具准备齐全	5	自备工具每少一件扣1分,扣完为止
2. 焊缝外观	焊缝表面及背面不允许有焊瘤、气孔、夹渣等缺陷	5	出现任何一种缺陷不得分
	焊缝咬边深度≤0.5 mm,两侧咬边总长度不超过焊缝有效长度的10%	5	焊缝咬边深度≤0.5 mm,累计长度每5 mm扣1分;累计长度超过焊缝有效长度的10%不得分;咬边深度>0.5 mm不得分
	背面凹坑深度≤0.2δ 且≤2 mm,累计长度不得超过焊缝有效长度的10%	2.5	深度≤0.2δ 且≤2 mm,累计长度每5 mm扣1分;累计长度超过焊缝有效长度的10%时,不得分;深度>2 mm时,不得分
	背面焊缝余高≤3 mm	5	超标不得分
	错边量≤0.1δ	2.5	超标不得分
	外观成形美观,焊纹均匀、细密、高低宽窄一致	5	焊缝平整,焊纹不均匀,扣1分;外观成形一般,焊缝平直,局部高低宽窄不一致,扣1.5分;焊缝弯曲,高低宽窄明显不一致,有表面焊接缺陷,不得分
3. 内部质量	X射线探伤检验(JB 4730)	15	Ⅰ级片不扣分;Ⅱ级片扣3.5分;Ⅲ级片扣7.5分;Ⅲ级以下不得分
4. 否定项	焊缝出现裂纹、未熔合、烧穿缺陷;焊接操作时,随意改变试件操作位置;焊缝原始表面被破坏;超时5 min以上		出现任何一项,按零分处理
5. 安全文明生产	严格按操作规程操作	5	劳保用品穿戴不全,扣1分;焊接过程中有违反操作规程的现象,根据情况扣1~2.5分;焊接完毕,场地清理不干净,工具码放不整齐,扣1.5分
	合计	50	

【题目2】管径 ϕ<60 mm 的低合金钢管对接垂直固定手工钨极氩弧焊

1. 考核要求

(1) 必须穿戴劳动保护用品。

(2) 必备的工具、用具准备齐全。

(3) 焊前将试件坡口处的铁锈、油污、氧化膜清理干净,使其露出金属光泽。

(4) 单面焊双面成形。

(5) 组对时错边量应控制在允许的范围内。

(6) 定位装配后,将装配好的试件固定在操作架上。试件一经施焊不得改变焊接位置。

(7) 焊接完毕,关闭焊机,焊缝表面清理干净,并保持焊缝原始状态,不允许补焊、返修及修磨。场地清理干净,工具摆放整齐。

(8) 符合安全文明生产要求。

2. 准备工作

(1) 材料准备见下表。

序号	名称	规格	数量	备注
1	20钢管	$\phi 42\ mm \times 100\ mm \times 5\ mm$	2件/人	坡口角度60°~65°,壁厚为5 mm
2	H08Mn2SiA焊丝	$\phi 2.5\ mm$	2 m/人	焊前清理焊丝的油、锈,露出金属光泽
3	氩气		1瓶/工位	
4	钨极WCe-20	$\phi 2.5\ mm$	1根/人	

试件形状及尺寸如下图所示。

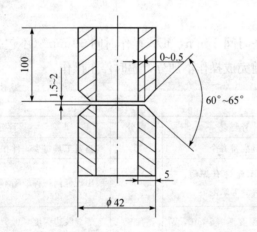

(2) 设备准备见下表。

序号	名称	规格	数量	备注
1	氩弧焊焊机	NSA-300	1台/工位	鉴定站准备
2	氩气减压流量调节器	根据实际情况确定	1台/工位	鉴定站准备

(3) 工具、量具准备见下表。

序号	名称	规格	数量	备注
1	焊接检验尺	HJC-40	不少于3把	鉴定站准备

续表

序号	名称	规格	数量	备注
2	钢直尺	200 mm	不少于3把	鉴定站准备
3	放大镜	5倍	不少于3把	鉴定站准备
4	钢印		2套	鉴定站准备
5	电焊面罩	自定	1个	考生准备
6	电焊手套	自定	1副	考生准备
7	锉刀	自定	1把	考生准备
8	敲渣锤	自定	1把	考生准备
9	手锤	自定	1把	考生准备
10	錾子	自定	1把	考生准备
11	钢丝刷	自定	1把	考生准备
12	角向磨光机	自定	1台	考生准备
13	砂布	自定	自定	考生准备

3. 考核时限

(1) 基本时间：准备时间 5 min，正式操作时间 30 min（不包括组对时间）。

(2) 时间允差：提前完成操作不加分，超时停止操作。

4. 评分项目及标准

评分项目	评分要素	配分	评分标准及扣分
1. 准备工作	工具、用具准备齐全	5	自备工具每少一件扣1分，扣完为止
2. 焊缝外观	焊缝表面不允许有焊瘤、气孔、烧穿、夹渣等缺陷	5	出现任何一种缺陷不得分
	焊缝咬边深度≤0.5 mm，两侧咬边总长度不超过焊缝有效长度的10%	7.5	焊缝咬边深度≤0.5 mm，累计长度每 5 mm 扣 0.5 分；累计长度超过焊缝有效长度的10%不得分；咬边深度>0.5 mm 不得分
	用直径等于 0.85 倍管内径的钢球进行通球试验	5	通球不合格不得分
	焊缝余高 0~3 mm；焊缝余高差≤3 mm；焊缝宽度比坡口每侧增宽 0.5~1.5 mm；焊缝宽度差≤3 mm	7	每超标一处扣2分，扣完为止
	错边量≤0.1δ	2.5	超标不得分

续表

评分项目	评分要素	配分	评分标准及扣分
2. 焊缝外观	外观成形美观,焊纹均匀、细密、高低宽窄一致	3	焊缝平整,焊纹不均匀,扣1分;外观成形一般,焊缝平直,局部高低宽窄不一致,扣2分;焊缝弯曲,高低宽窄明显不一致,有表面焊接缺陷,不得分
3. 内部质量	X射线探伤检验(JB 4730)	15	Ⅰ级片不扣分;Ⅱ级片扣3.5分;Ⅲ级片扣7.5分;Ⅲ级以下不得分
4. 否定项	焊缝出现裂纹、未熔合、烧穿缺陷;焊接操作时,随意改变试件操作位置;焊缝原始表面被破坏		出现任何一项,按零分处理
5. 安全文明生产	严格按操作规程操作		劳保用品穿戴不全,扣2分;焊接过程中有违反操作规程的现象,根据情况扣2~5分;焊接完毕,场地清理不干净,工具码放不整齐,扣3分
合计		50	